U0265183

我们从哪里来·科学探索书系 1

孩子能看懂的宇宙简史

魏异君◎著

长江出版传媒 | 长江少年儿童出版社

图书在版编目（CIP）数据

孩子能看懂的宇宙简史 / 魏异君著 .— 武汉：长江少年儿童出版社，2023.10

（我们从哪里来・科学探索书系）

ISBN 978-7-5721-2383-2

Ⅰ．①孩… Ⅱ．①魏… Ⅲ．①宇宙－少儿读物 Ⅳ．①P159-49

中国国家版本馆CIP数据核字(2023)第096963号

WOMEN CONG NALI LAI·KEXUE TANSUO SHUXI

我们从哪里来・科学探索书系

HAIZI NENG KAN DONG DE YUZHOU JIANSHI

孩子能看懂的宇宙简史

出 品 人：何　龙
策　　划：何少华　傅　箎
责任编辑：陈晓蔓
责任校对：张　璠
出版发行：长江少年儿童出版社
责任印制：邱　刚
业务电话：027-87679199
网　　址：http://www.hbcp.com
印　　刷：武汉新鸿业印务有限公司
经　　销：新华书店湖北发行所
版　　次：2023年10月第1版
印　　次：2023年10月第1次印刷
开　　本：720毫米 × 950毫米 1/16
印　　张：7.125
书　　号：ISBN 978-7-5721-2383-2
定　　价：36.00元

人物介绍

云飞扬

男生，12 岁，高鼻梁。他出生时，爸爸梦见从水中飘起一团雾气，升到天空形成一团彩云，然后随风飞扬。他爸爸醒来后，便给他取了这个名字。他爸爸是希望他能像那团彩云一样自由活泼。他也的确很活泼，而且思维飞扬，求知欲极强，还超级爱幻想。只是他行为莽撞，是个急性子。

夏语

女生，12 岁，聪明漂亮，有一双特别大的眼睛。她是云飞扬不打不相识的同桌，两人从一年级斗到了六年级，现在却成了好朋友。她也对未知的事情充满好奇，并且热爱学习。

怪博士

男性，近 60 岁，“地中海”发型，温文尔雅，是位物理学博士。他从事天文、地理和人类学等方面的研究，工作严谨，思维缜密。他对小朋友也特别友好；他非常幽默，爱说笑话，但行为有些异于常人。

章树叶

男生，12 岁，是云飞扬的“死党”。他妈妈特别喜欢樟树，便给他取了这个很特别的名字。他身材高大，却胆小怕事，不爱说话。后来在云飞扬的带动下，他开始变得自信起来。

目录

CONTENTS

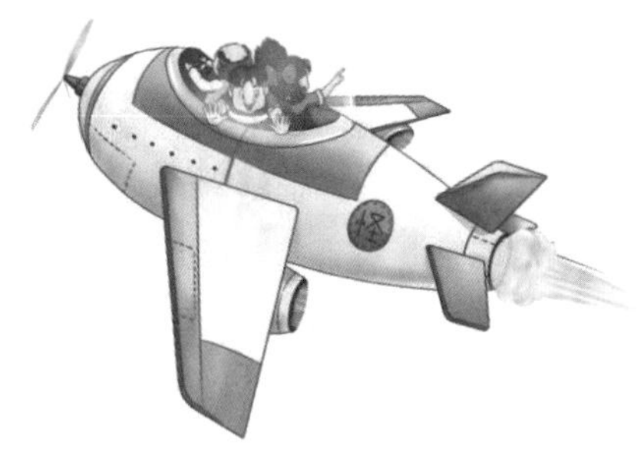

从宇宙起源，
到地球诞生，
再到人类出现。

本套书将世界各国科学家的发现与研究，以孩子们喜闻乐见的方式，进行系统的诠释，让孩子们在阅读中，对深奥的科学知识能读得懂，学得进，记得住，能全面地了解浩瀚而神秘的宇宙，破解星空与地球的密码，知晓我们是从哪儿来的。

谨以此书，向那些为人类做出过巨大贡献的科学家、学者和相关人士，致以最崇高的敬意！

感谢中国科学院院士、中国月球探测工程首任首席科学家、发展中国家科学院院士、国际宇航科学院院士欧阳自远先生，为这套书的部分内容提出了专业指导意见！

故事前的故事

云飞扬今早去学校上课时，偶然从公交车上的视频中，看到市里一位叫怪博士的人在讲宇宙知识。

怪博士虽然讲的时间不长，但是讲得特别有趣。云飞扬瞬间就被那些奇妙无比的宇宙知识所吸引。

一到学校，他便将此事告诉了夏语和章树叶。没想到，他们俩对这些知识也非常感兴趣。他们都想知道，宇宙中到底隐藏着多少秘密。

云飞扬突然萌生了一个大胆的想法，要去找怪博士给他们讲宇宙知识。他把这个想法告诉夏语和章树叶，得到了两人的积极响应。

云飞扬是个很执着的人，他要做的事情就会努力去尝试。下午放学回家，他便把这个想法告诉了爸妈。云飞扬的爸妈见儿子有这样强烈的求知欲望，都非常高兴。

云飞扬的爸爸也是个急性子，随即通过网络找到了怪博士，并登门拜访。

怪博士听说是要给孩子们讲课，却不肯答应。理由是他只会给大人讲课，还从未给孩子们讲过课。他怕没经验，讲不好。

但在云飞扬爸爸的再三恳请下，怪博士终于松了口。

巧的是，怪博士同样也是个急性子，一旦答应了，就绝不会拖延。他立即决定这个周六上午就给三个孩子讲宇宙知识。

不过，怪博士提了两个要求：一是孩子们周六上午 8 点钟必须准时到达他的科研所，不许迟到；二是孩子们必须认真听讲，认真做笔记，不能自由散漫、马虎了事。

云飞扬的爸爸回来后，如实地将这些要求告诉了云飞扬和云飞扬的妈妈。妈妈听后开心地笑道：“这两个要求一点儿也不过分。我还有一个建议，你们带一些好吃的零食去，一是为了活跃气氛；二是在关键时刻能帮你们提提精神。”

云飞扬觉得妈妈分析得很有道理，心中也有数了。

第二天一到学校，他就把这个好消息告诉了夏语和章树叶，他们俩听后也非常高兴。大家还一起商量，带什么好吃的零食去。

夏语觉得，世界上最好吃的零食，莫过于南酸枣糕，那酸酸甜甜的味道，真是让人回味无穷。她决定带南酸枣糕给怪博士。

章树叶觉得，世界上最好吃的零食，是麻辣牛肉粒，既有好味道，又有嚼劲。他决定带麻辣牛肉粒给怪博士。

云飞扬却觉得，世界上最好吃的零食，是桃酥饼，只要咬上一口，就会满嘴酥香。所以他决定带桃酥饼给怪博士。

到了周六这天，云飞扬的爸爸一大早就带着云飞扬，开车接上夏语和章树叶，一起来到了怪博士的科研所。

他们比约定的时间早到了 10 分钟，这也是云飞扬的妈妈要求的。妈妈说与人相约，至少要提前 10 分钟到，这是出于礼貌和尊重。她还提醒三个孩子，都要穿戴整齐，保持良好的精神面貌。

他们到达后还不到 5 分钟，便见科研所的大门徐徐地打开了。只见一位约莫 60 岁的儒雅男士，穿着一身笔挺的中山装，从大门里面走了出来。

见到此人，云飞扬的爸爸赶忙走上前去喊道："唐博士早！ 我们都到了！"

听到云飞扬的爸爸喊唐博士，三个孩子才知道怪博士姓唐，于是都一起喊道："唐爷爷，您早！"

怪博士见到他们，也笑道："你们都提前到了，我就喜欢有时间观念的人。"

他又对云飞扬的爸爸说："您可以先回去，因为我今天只给三位孩子讲课，不准大人旁听。我讲完课，会打电话叫您来接他们回去。"

云飞扬的爸爸应道："行，我听您的安排！ 我这就回去。"

他回头嘱咐三个孩子："你们在这儿认真地听唐博士讲课，多学点儿知识，待会儿我再来接你们啊！"

三个孩子纷纷点头答应，向他道别。

云飞扬的爸爸走后，怪博士带着三个孩子走进科研所，来到了一间房间。

这个房间里有张椭圆形的大桌子，边上放着一圈椅子，是间小会议室。桌上还有一台笔记本电脑，电脑线连着墙上的一面银幕，银幕上显示着几个大字——宇宙有哪些神奇的事儿？

云飞扬心里想道：原来怪博士是位非常认真的人，他竟然来得比我们还要早，还在这儿做了这么多的准备！

怪博士坐在那台电脑前，示意三个孩子坐到他的对面。

三个孩子忙将带来的东西送到怪博士面前。

“唐爷爷，我给您带了我最爱吃的南酸枣糕。”夏语递来一包南酸枣糕。

“唐爷爷，我给您带了最好吃的麻辣牛肉粒。”章树叶递来一包麻辣牛肉粒。

“唐爷爷，我给您带了最好吃的桃酥饼。”云飞扬递来一包桃酥饼。

怪博士看着这些零食，心里非常高兴。

他毫不客气地乐呵呵地收下了：“谢谢你们给我带来这么多好吃的。请你们先坐下，我要宣布课堂纪律。从现在开始，你们可以叫我唐爷爷，也可以叫我怪博士。你们都不用太拘束，要活跃一些。你们有什么问题，或者有什么没听懂的地方，我每讲完一段知识后，就可以提问。但不许调皮捣蛋，随意走动。”

三个孩子都点头说好。

随后怪博士又道：“为了活跃气氛，我们先来做个游戏。大家比赛扮鬼脸，看谁扮得最好玩，你们同意吗？”

听说要做这样的游戏，三个孩子都笑了起来，表示愿意参与。

于是怪博士喊道：“一，二，三！ 开始！”

四个人同时扮起了鬼脸。

章树叶鼓起腮帮子，扮了一张青蛙脸。

夏语将嘴唇吸成了“8”字形，瞪着一双大眼睛，两粒黑黑的眼珠滴溜溜地转动，很像变形机器人。

云飞扬将头发拨弄得竖立起来，还吐出舌头，一副搞怪的模样。

怪博士把眼角耷拉着，又把嘴巴抿得瘪瘪的，将脸部挤得全是皱纹，就像一位远古的老人。

四人扮着鬼脸，然后你看看我，我看看你，看着看着，都笑了起来。

这个游戏真起作用，一下子就把现场的气氛调动了起来。现在他们彼此之间，不再是之前的那种生分和拘束，大家就像是很熟悉的朋友一样了。

三个孩子此时也觉得，原来怪博士一点儿也不怪，竟然是这么的风趣幽默、和蔼可亲。大家都对他有了一种很亲近的感觉。

怪博士收住笑容，然后清清嗓子说道：“大家都安静下来，我要开始讲课了。根据你们的要求，我今天就给你们讲宇宙知识。”

三个孩子都拿出笔和本子，准备做笔记。

宇宙有哪些
神奇的事儿？

不可思议的
宇宙诞生过程

怪博士敲着键盘，更换了银幕上的内容，正式开始讲课了。

我们这个世界中的一切物质，都是从无到有、从小到大、从生到死的。即便是浩瀚的宇宙，也是如此。

世界上的一切事物，都是从有了宇宙之后，才开始出现的。所以宇宙的诞生，是这个世界的开端。

宇宙是从什么时候、以什么样的方式诞生的呢？这还得从非常久远的时候说起。

在最早的时候，那时还没有宇宙，更没有星球，只有一个极其微小的物质点，在一种极为奇特的原始状态中，以一种极快的速度孤独地自旋。

大约在 138.2 亿年前，当那个物质点变化到体积无限小、密度无限高、能量无限大，各方面都达到最大限值的“奇点”时，突然发生了大爆炸。大爆炸瞬间所产生的高温，达到了 1.417×10^{32} 开尔文。那是宇宙中出现的最高温度，也叫“普朗克温度”。

大爆炸的能量爆发，使那个极小的物质点，以超光速向外膨胀。没过多久，它就膨胀到银河系那么大。自此，我们的宇宙诞生了，并开始有了无限的空间、时间、物质和能量。

非常奇妙的是，奇点大爆炸的最初阶段，可能没有亮光，因为那时光子还没有出现。它可能是以一种能量爆发的方式爆炸的，也可能是以别的我们无法想象的方式爆炸的。直到几秒钟后，亮光才出现。

宇宙中的事物奥妙无穷，我们很难用常规思维去理解。

更令人惊奇的是，那次大爆炸过去了这么多年，直到今天，宇宙的膨胀也没有停止，而且速度依然特别快。

那个能产生如此威力的奇点，又是怎么形成的呢？

它可能是在最原始状态中积蓄的天然高能量，通过聚合浓缩而形成的。

它也可能是上一个宇宙到达生命末期，所有物质被一个巨大黑洞吞噬，然后通过撕裂、挤压和浓缩而形成的。

最早提出奇点大爆炸理论的，是比利时天文学家勒梅特。后来，这个理论经美国科学家伽莫夫等人修改完善，形成大爆炸宇宙模型，成为现代宇宙学中影响最大的一种学说。

发现宇宙至今仍在快速膨胀的，是美国著名天文学家埃德温·哈勃。他通过观测仪器，观测到了“星系红移现象”，也就是发现有许多星系正在快速地远离地球。那些越遥远的星系，远离地球的速度也越快。这一发现，更加证实了大爆炸宇宙模型的真实性。

虽然关于宇宙诞生还有别的推断，但大爆炸宇宙模型，是最被众多科学家认同的一种，并且他们也找出了非常多的理论依据。

什么是开尔文温度呢？ 开尔文温度是从“绝对零度”起算的温度。科学家把 −273.15℃定为宇宙中的最低温度，也叫绝对零度。

听到这儿，三个孩子都对宇宙的诞生和膨胀过程感到惊奇。他们都被这些奇妙的知识深深地吸引，一边竖起耳朵静静地聆听，一边认真地做笔记。

云飞扬想：宇宙是由一个极小的物质点发生大爆炸而产生的。现在眼前的空气中也飘浮着很多微小的物质，这些物质会不会发生大爆炸，再创造出一个地球呢？

他脑海里浮现出这样一番景象——眼前有颗微小的物质真的发生了大爆炸。可是不仅没有再创造一个地球，还把他震飞到空中了。他望着越来越远的地面，心中害怕极了，大叫起来："我不想被摔成肉饼啊……"

没有想到的是，他竟然真的喊出了声音，引得夏语和章树叶都笑话他。

1. 勒梅特（1894—1966），比利时天文学家，最先提出宇宙大爆炸理论。

2. 埃德温·哈勃（1889—1953），美国著名天文学家，研究现代宇宙理论最著名的人物之一，是河外天文学的奠基人和提供宇宙膨胀实例证据的第一人，也是星系天文学的创始人和观测宇宙学的开拓者，被称为“星系天文学之父”。

开始产生最初的物质

奇点大爆炸后，宇宙又有哪些变化呢？

随着大爆炸高能量的不断爆发，宇宙在第 1 秒内就产生了无比之多的炽热稠密混合物质。那些炽热稠密混合物质，是由宇宙中最早出现的基本粒子组成的，它们中有夸克和胶子等。随着宇宙的不断膨胀，这些炽热稠密混合物质也不断地增加和扩散。可以说，宇宙膨胀到多大，就能产生多少这样的物质，去填充那些扩大的空间。

大约在大爆炸 3 秒钟后，那些炽热稠密混合物质中，又产生了中子、质子和中微子等一大批其他基本粒子。从此，宇宙开启了粒子时代。

今天宇宙中一切可见的物质，无论是星球、星云，还是地球上所有的植物和动物，都是由这些粒子构建出来的。可以说，是粒子构建了我们的世界。

我们人类也是由粒子构建的。

非常奇妙的是，这些粒子在产生时，都会同时出现一个反粒子。而且正反粒子只要一碰面，就会发生相互碰撞，然后又在释放光和更大的能量中同时消亡。科学家将这种消亡，称为湮灭。

在当时的宇宙中，到处存在着这样的湮灭现象。幸好宇宙在持续的能量转化中，不断地创造出粒子。所以尽管有无数的粒子湮灭了，但宇宙中的粒子并没有因此而全部消亡。

粒子以这样的方式湮灭，也不是没有意义的。因为它们在这个过程中，不仅为宇宙提供了更多的能量，还为宇宙创造出了一种新的物质，那就是光子。光子的出现，不断为宇宙增添光彩。

大约在 9 秒钟后，宇宙成了光子的世界。那时的宇宙，才开始变得亮起来。

大约在 3 分钟后，宇宙空间已膨胀到非常大了，温度也开始下降。那时在宇宙中，又突然发生了一件惊人的事情——核聚变效应出现，从而又为宇宙创造了氢、氦、锂等新元素。

大约在 17 分钟后，核聚变又突然停止了，新的物质产生也暂时停止了。

随着宇宙的不断膨胀，宇宙的温度一直在下降。但那时宇宙的温度仍然很高，在那样的高温中，所有粒子的性能都很不稳定，尽管它们又创造出了原子核，却难以结合成原子。那时的粒子，要么是在相互碰撞中湮灭，要么是在空中自由地飞散。

大约 7 万年后，宇宙膨胀得更大了。当时的温度，下降到大约 10000℃。那时的粒子又开始发生新的变化，竟然有了引力作用。而且那个时候，宇宙中还出现了暗物质，从此宇宙变成了浓稠黝黑的状态。

大约在 38 万年后，由于宇宙有了更大程度的扩张，温度也有了更大幅度的下降，大约只有 3000℃。在这个温度下，粒子的性能得到改善，变得稳定多了，它们能够俘获电子，从而开始结合成带有电荷的原子。

又过了几万年，新的物质产生开始跟不上宇宙膨胀的速度，宇宙空间渐渐变得空旷、暗淡下来。在这期间，宇宙温度出现了快速下降，降到 0℃以下。从此，宇宙进入一段持续两亿多年的黑暗寒冷时期。

在这个时期，宇宙的膨胀速度也突然变慢了，以前都是超光速，现在却变得与光速差不多了。

此时还发生了一个变化——反粒子开始减少。这个奇妙的变化，给宇宙带来了一个天大的好处，那就是很多的正粒子可以永远地留下，使得创造更大的物质成为可能。

最终，宇宙当中，创造出了一片片无比巨大的星云。

有了星云就更不一样了，从此宇宙有了巨大的天体结构。这些结构将会彻底改变宇宙的空间形态，创造出无数的星球，让宇宙变得无比绚丽。

今天宇宙中飘荡着无数美丽的星云，它们中有的是宇宙诞生初期形成的，有的是后来恒星发生大爆炸所创造的。现在著名的

星云有马头星云、猫眼星云、玫瑰星云、蟹状星云等。

最早发现星云的天文学家是法国的梅西叶，他在1758年观察彗星时，突然发现太空中有一块云雾状斑块。由于当时他的设备非常简陋，无法辨认具体形态，只能先记录下来。在长期积累下，他记录的此类天体竟然多达103个。他的这些发现，后来引起了英国天文学家威廉·赫歇尔的高度关注。威廉·赫歇尔经过长期观测核实后，将这些云雾状天体命名为星云，并将梅西叶最早发现的那个斑块，命名为“M1”星云。M就是梅西叶名字的首字母。

三个孩子听到这儿，也对这段时期的宇宙演化感到无比惊奇。最让他们讶异的是，原来宇宙中的所有物质，包括人类，都是由粒子构成的。

云飞扬在想，物质会出现正反两种形态，人会不会也出现这两种形态呢？

他脑海里浮现出这样一番景象——有个由反物质组成的云飞扬出现了。那个反物质云飞扬跑来与他碰撞，他可不想两个自己在碰撞中湮灭，于是就拼命地逃跑。眼看反物质云飞扬就要追上自己了，就在这十分危急的时刻，章树叶突然打了个喷嚏，把他从幻境中拉了出来。尽管章树叶喷了云飞扬一脸的唾沫星子，但云飞扬还是很感激地对着章树叶笑了笑。

创生之柱星云图像，有几颗新的恒星正在形成

注释

1. 查尔斯·梅西叶（1730—1817），法国天文学家。主要成就是发现了星云，并给星云、星团和星系编上编号，制作了著名的“梅西叶星云星团表”。

2. 弗里德里克·威廉·赫歇尔（1738—1822），英国天文学家，法兰西科学院院士，恒星天文学创始人，被誉为“恒星天文学之父”。

从黑暗寒冷中创造星球

又经历了一段漫长岁月，忽然有一天，奇迹发生了：在一片星云当中，由粒子结合成的像碎石块一样的物质突然加快了自旋的速度。它疯狂地自旋着，并且不断把周边的各种物质都吸附到自己的身上。

它的体积迅速增大，引力也越来越强，能把更远的物质吸附到自己的身上。它的体积大到一定程度后，内部的热能开始爆裂，于是出现了大面积的炽热熔岩喷发。它开始变成了一个巨大的火球，似乎整体都在燃烧。

这样的燃烧，起到了一个很好的作用——可以把那些吸附到身上的所有物质，通过熔炼与自己结合成一个更加牢固的整体。

它还在吸附更遥远的物质，它的体积还在增大。大约经过了两亿年的不懈努力，它竟然将周围几百亿千米内的物质都吸附到自己身上了，它的体积也变得比太阳还要大几百倍。大约在 135 亿年前，也就是宇宙诞生大约 3 亿年后，它终于成长为一颗巨大的星球，而且还是产生了核聚变的、不断在释放光和热的恒星。它的光芒开始照亮宇宙，它的热量也在温暖着宇宙。从此，宇宙拥有了永久的光亮，开启了星球时代。

在那颗星球诞生的同时，很多星云中的碎石也同样地努力成长。它们也通过两亿多年的艰苦努力，把周围几百亿千米内的所有物质，全部吸附在自己身上。它们也先后在宇宙中，成为一颗颗无比巨大的星球。

它们当中，有恒星、行星、矮行星和小行星等。当这些不同种类的星球布满天空时，宇宙就变得更加绚丽多彩。

现在的宇宙中，有多少颗明亮巨大的星球呢？根据科学家的估测，仅恒星至少就有 2000 万亿亿颗，多么惊人的数字！

我们在夏季和秋季的夜晚，用肉眼能观测到大约 6000 颗星星，只是无法去数清那些星星。如果是用这样的方式去数星星，那肯定会数得晕头转向，眼冒金星。要是因为这样数星星而摔了一跤，岂不让别人笑掉大牙呀！

听到怪博士这样风趣幽默的描述，三个孩子都笑了起来。

云飞扬突然想到了一个问题。见怪博士停顿下来，于是问道：“唐爷爷，天上有那么多明亮的星星，为什么在没有月亮的夜晚，还是无法照亮夜空呢？”

怪博士夸赞道：“这个问题问得很好！其实天上的星球，绝大多数都距离地球非常遥远。它们所发出的亮光，受到太空各种尘埃的阻挡，到达地球后已变得非常暗淡了。再加上宇宙还在快速膨胀，很多星球正在远离地球而去，它们的亮光可能都到达不了地球的上空。即便有些遥远星球的亮光能够到达地球的上空，但由于那些光波被拉得太长，从而变成了红外线之类的不可见光。所以尽管天空中有那么多的星星，但它们的亮光还是照亮不了夜空。”

三个孩子听到这里，都对星球有了更深刻的认识。

繁星点点

夏语想象出这样一番景象——云飞扬仰起头数星星，数得晕头转向，结果摔了一跤，摔掉了两颗大门牙。他痛得狂叫起来：“好疼啊！好疼啊！”别人听到的却是：“哄通呵！哄通呵！”

神奇而美妙地 组建星系

怪博士拿起一块桃酥饼，咔嚓咔嚓地吃了起来。他吃得特别地响，好像是在故意馋三个孩子。

三个孩子听到这样的声音，又闻到那桃酥饼的香味，口水不争气地流了出来。但三个孩子的精神，变得更加振奋了。

怪博士吃完桃酥饼，继续讲课。

星球诞生后，宇宙又有哪些变化呢？

在那段时间里，宇宙出现了一种很神奇的现象，就像是宇宙中的物质集体大爆发一样，无数的星球先后涌现了出来。而且，那些最早出现的星球体积都特别大。它们的密度不太高，就像是一个个外强中干的大胖子。那时它们的飞行轨道也是无序的，都在漫无目的地飞行，所以彼此之间也非常容易发生碰撞。一旦它们发生碰撞，就会造成毁灭性伤害，很多星球就是在这样的碰撞当中消亡的。

宇宙中或许存在一套天然法则，每当物质过于繁多、混乱时，就会去“规范”它们。大约在 128 亿年前，又一个奇迹发生了，在宇宙的某个区域，许多能量巨大的星球突然不约而同地聚合在一起，然后通过集体的引力扰动，将无数的星球带动起来，围绕着它们飞速地旋转，从而组建了宇宙中第一个规模宏大的星系。

在第一个星系形成后，无数的星系相继从它们所在的星云中涌现出来，从此宇宙开启了“星系时代”。

当所有的星球都组建成星系后，宇宙又有了很大的不同，每颗星球都有自己固定的运行轨道。这样大家都安全多了。

现在宇宙中有多少个星系呢？科学家测算，至少有 2 万亿个。

不过这些星系之间，也有很大的区别，有的非常宏大，有的相对要小。星系一般由几亿颗至上万亿颗恒星以及星际物质所构成。

科学家还根据星系的形状，对它们进行了分类，包括椭圆星系、旋涡星系、棒旋星系、透镜星系、不规则星系五类。

有一些星系是用编号来命名的，比如 NGC262、M32、IC1101 等。

但由于宇宙中的星系实在太多，所以还有许多星系是没有被命名的。

那些已被命名的星系，该如何去辨认呢？

如果是用编号来命名的星系，普通人是很难辨认出来的。但如果是用形状来命名的星系，就好辨认多了。

我们来认识几种星系。

椭圆星系，它是一类呈椭圆形或圆形的星系。这类星系的中心通常非常明亮，边缘地带则显得很暗淡。如果这类星系中有一颗新的恒星诞生，那儿就会散发出淡蓝色的光芒。

椭圆星系

旋涡星系是目前观测到的数量最多的星系。从正面看，旋涡星系就像江河中的漩涡；从侧面看，它又像个织布的梭子。

旋涡星系

棒旋星系，是在中间部位出现棒状结构的旋涡星系。大约一半的旋涡星系都属于棒旋星系。

棒旋星系中间的“短棒”，其实是由数以万计的明亮恒星组成的，因此这片区域发出巨大的能量，能够推动整个星系中的所有恒星平稳地运行。

棒旋星系

棒旋星系那片明亮的区域中还可能隐藏着黑洞，比如银河系中心最明亮的区域，就有着一个巨大的黑洞。

三个孩子听到这里，对宇宙中的星系有了很深刻的印象。

章树叶看着银幕上显示的星系图片，想起了刚才怪博士吃的那块桃酥饼。桃酥饼就像个棒旋星系，上面甚至有一些螺旋纹理。

他脑海里浮现出这样一番景象——怪博士突然变成一个巨人，张开大口将一个棒旋星系吃了进去，还咬得嘎嘣脆响。

章树叶看着怪博士这样大口大口地吃着棒旋星系，震惊得头发像钢丝一样竖了起来。

银河系开始形成

众多的星系组建起来后，宇宙又有哪些变化呢？

宇宙从此不仅变得祥和安定起来，而且还焕发出更加迷人的风采。漫天的星系在飞速地旋转，灿烂的星光洒满了宇宙空间。

但有了这些变化似乎还不够，因为还没有出现构建人类家园的基础。在大约 125 亿年前，宇宙又出现了新的变化，某个区域再次出现了许多能量极大的星球汇聚在一起，然后通过集体的引力，带动周边的星球围绕它们旋转；渐渐地，它们形成了一个新的独立星系。我们的银河系就这样诞生了。

银河系诞生后，将会创造一个奇迹——大约在 75 亿年后，它的内部会出现一个很小的行星系统。就是那个很小的行星系统，后来诞生了地球，继而孕育出我们人类。

银河系是什么样子呢？ 它可能与我们看到的并不一样。

我们肉眼所看到的银河，像条布满繁星的长河，银河系也因此而得名。

但真正的银河系并非是这样的。其实银河系是个扁平的圆盘状棒旋星系，它有 4 条长长的旋臂，分别是英仙座旋臂、人马座 - 船底座旋臂、矩尺座旋臂和盾牌 - 半人马座旋臂。

银河系最中心的部位称为“银心”；中间的部位称为“银核”；周边的部位称为“银盘”；银盘的边缘称为“银晕”；银晕的边缘称为“银冕”。

银河系的直径为 10 万 ~20 万光年，包括 1500 亿 ~4000 亿颗恒星，以及大量的行星、小行星、彗星和星云等。

银河系中心那片最明亮的区域，隐藏着一个巨大的“黑洞”，有科学家认为，这个黑洞的质量是太阳的约 400 万倍。

今天的宇宙中，像银河系这样大的星系有几千亿个。

大家都听说过牛郎和织女的故事，其实银河系中真有这两位主人公。牛郎星是银河系中一颗比较明亮的星星，它的中文名称叫“河鼓二”。它的前后各有一颗星星，分别叫“河鼓一”和“河鼓三”。这两颗星星就像牛郎星的两个孩子。它们都在银河的东岸。

与它们隔河相望的，是一颗更为明亮的织女星。织女星的中文名称叫“织女一”。它的身边也有两颗星星，分别为“织女二”和“织女三”。它们都在银河的西岸。

织女星比牛郎星明亮很多，甚至比太阳还要明亮。织女星距离地球 26.3 光年，而牛郎星只有 16 光年。

巧合的是，每年的农历七月初七晚上，弯弯的月亮所散发的淡淡光芒，正好遮住了星光。所以人们认为，那时全天下的喜鹊都飞到天际，在银河上搭好一座鹊桥，让牛郎和织女在鹊桥上相会。

当然这只是一个美丽的传说，喜鹊是飞不到遥远的太空中的，更不可能在太空中架起一座桥。

在牛郎星和织女星的附近，还有一颗非常明亮的星星，它叫“天津四”。这三颗星星构成了一个不对称的三角形，非常容易辨认。

科学家还发现，牛郎星和织女星都在朝着与彼此相反的方向运行，这意味着它们之间的距离会越来越远。

听到这儿，三个孩子终于知道真正的银河系是什么样子了。

夏语听到牛郎星和织女星在不断远离，心中有些难过。

她脑海里浮现出这样一番景象——她获得了一种神力，能将牛郎星和织女星不断地拉近。她最终将这两颗星星拉到了很近的距离，并架起了一座七色彩虹桥，让牛郎和织女从此可以天天相会。

从地球上观测到的星空

太阳系的诞生

银河系形成后，宇宙又有哪些变化呢？

那时的宇宙已经无穷大了，变化已是多得难以计数。

又过了很长的时间，那些最早诞生的恒星有些开始步入生命的末期，于是宇宙中又出现了很多的恒星大爆炸。

当然这样的大爆炸完全不能跟奇点大爆炸相比，远没有那样的威力。

但星球大爆炸也不可小觑，其喷发的能量无比巨大，会造成漫天的火光和铺天盖地的碎块。

恒星大爆炸时，又为宇宙创造了一些新元素，比如锂和铁等。宇宙得到这些新元素，又开始发生更加美妙的变化。

大约在50亿年前，银河系旋臂上的一处，可能是第一代或第二代恒星发生爆炸后形成的星云中，诞生了一颗新的恒星。我们的太阳，就这样诞生了。

它虽然体积没有第一代恒星那么大，但密度要比“前辈”们高出很多。它的能量非常巨大，在它的引力扰动下，不久之后，周

边的星云中，又诞生出 8 颗行星和无数的其他天体。这些天体都围绕着它运转，从而也形成了一个天体系统，这就是太阳系。

太阳系是什么样子的呢？

太阳系是一个伟大的天体系统，因为它创造了绚丽多彩的地球，以及地球上鲜活的生命。

太阳系中的 8 颗行星，距离太阳从近到远分别是水星、金星、地球、火星、木星、土星、天王星、海王星。这些行星大小不等，各有特点。

太阳是太阳系中唯一的一颗恒星，它释放出强大的光和热。

太阳系距离银河系中心 2.4 万 ~2.7 万光年。它以约 220 千米 / 秒的速度围绕着银河系中心运行，公转一周大约需要 2.5 亿年。所以太阳系自诞生以来，才围绕银河系公转了 20 圈。如果按地球上公转一周为一年计算，太阳系还只能算个 20 岁的小伙子。

太阳系中，还有三个奇妙的区域。

一是在火星与木星之间有条宽约 2.3 亿千米的“小行星带”，那儿散落着数量庞大的小行星。

二是在海王星外有一条“柯伊伯带 ”，那儿也布满难以计数的小天体。那些小天体，可能是太阳系形成时的残余物质。

三是在柯伊伯带之外还包裹着“奥尔特云”，它就像是太阳系的外层皮肤。

非常有趣的是，以前人们还将冥王星列为太阳系的第九大行星。后来人们发现它并不符合标准，所以在第 26 届国际天文学联合会上，将它降级为矮行星。

看来不努力，没有真本事，即便是在宇宙中也是行不通的。

三个孩子被怪博士的风趣语言引得再次笑了起来。他们听到这儿，也对太阳系有了深刻的了解。

太阳系的 8 颗行星

7

宇宙现在有多大

浩瀚无垠的宇宙，现在到底有多大呢？

关于这个问题，相信很多人都想找到答案。

其实科学家们已经计算出了宇宙的大致尺寸。它太大了，远远超出我们的想象。

我们可以拿地球和宇宙中的天体来做比较，从而更好地去认知宇宙的大小。

地球的赤道半径是6378千米，如果把它放在太阳系中去比较，它就显得非常渺小，就如同操场上的一粒芝麻。

如果把太阳系放到银河系中去比较，它同样小得可怜，就如同操场上的一颗绿豆。

银河系的直径为10万～20万光年，这已经足够大了吧？但如果把它放到整个宇宙中去比较，那也如同沧海一粟。

宇宙到底有多大呢？它现在在观测范围内的直径大约是930亿光年，实际可能更大。

而且它目前还在以超光速膨胀，以后它会大到什么程度，谁也无法估算。

宇宙的膨胀速度有多快呢？这里有一组数据可做参考：室女星系团，正以大约 1210 千米 / 秒的速度远离地球；后发星系团，正以大约 6700 千米 / 秒的速度远离地球；武仙星系团，正以大约 10300 千米 / 秒的速度远离地球；北冕星系团，正以大约 21600 千米 / 秒的速度远离地球。这些都是宇宙正在快速膨胀的证明。如果把所有的速度叠加起来，便是宇宙真正的膨胀速度。

即便宇宙的直径停止在 930 亿光年的这个尺度上，那么它有多大呢？我们可以计算一下。1 光年大约等于 9.46 万亿千米，乘以 930 亿光年，我们就知道宇宙的直径有多大了！

由于这个数据太大了，计算起来特别困难；即便得出了结果，对于普通人来说，也是无法理解的。

不过有一件事情我们得抓紧去做，否则就来不及了。是什么呢？那就是我们得赶紧去观测那些正在远离地球的星体。一旦它们飞离了我们的视线，以后我们可能就再也看不到它们了！

其实我们人类的眼睛也非常厉害，能够看到距我们大约 300 万光年远的星体，比如银河系之外的仙女星系和三角星系。当然它们并不是单个恒星，而是一个巨大的星系。我们也只能看到它们的一丁点儿微光，并不能看清它们的全貌。

不过能看到那么遥远的身影，本身也是一件很了不起的事了！

三个孩子听到这儿，都对宇宙之大感到惊叹，也对人类的眼睛能看到那么遥远的地方而感到惊奇！

夏语还对另外一件事情很感兴趣，见怪博士停顿下来，便问道：“宇宙那么大，科学家是通过什么办法去测量它的呢？”

怪博士笑道：“这个问题问得很好！科学家是非常了不起的，他们通过哈勃望远镜，以天上那些明亮的‘造父变星’作为量天尺，然后根据星系之间的远离速度与距离变化，从而测量出宇宙的年龄与直径。如果你们想要弄清楚这方面更多的知识，以后要多去看一些关于天文知识的图书。”

云飞扬想：造父变星又是什么天体呢？它们会变来变去吗？

他脑海中浮现出这样一番场景——天空中有很多颗造父变星。怪博士领着他们三人，驾着飞船去探索那些星球。他们还用自己的名字去命名了几颗星球，比如飞扬号星球、夏语号星球和树叶号星球。

造父变星是一类高光度周期性脉动变星。它们的光变周期与光度成正比，也就是光度越高，光变周期就越长。天文学家可以通过它们有规律的光变效应，计算出星体之间的距离和宇宙空间的尺度，因此造父变星被誉为“量天尺”。

为什么星球飘在太空不掉落

在浩瀚无垠的宇宙中，为什么所有的星球都是悬浮着而不会掉落，并且还能保持一种恰到好处的距离，安全平稳地运行呢？

要想弄清这个问题，只要弄明白一个概念就行了。因为在宇宙中，根本不存在上下之分，所以也根本不存在掉落下来这回事。至于众多星球能平稳地运行，那是宇宙中有四种基本力在起作用。

是哪四种基本力呢？

第一种是引力，这种力是物质与物质之间的相互吸引力，也是物质在运动中所产生的一种作用力。

这种力在四种基本力中，算是最弱的一种，它的作用范围却是最大的。

从物理学上讲，只要两个物体拥有一定的质量，两者之间就会产生一种相互吸引力。两个物体之间的距离增大，它们之间的引力也会随之递减。

宇宙中的行星和恒星等一切天体，都是在引力的作用下，保持着相对安全的距离运行。可以说，引力作用是维护这个宇宙运行的最基本条件。

三个孩子听得非常入神，他们没想到，原来引力在宇宙当中，能够起到如此之大的作用。

第二种是电磁力，它通过把宇宙中的带电颗粒吸附凝结到一起，从而创造出我们可见的物质世界。如果没有电磁力，世界上的所有物质都会分崩离析，如同一盘散沙。

电磁力与我们的生活密切相关，我们的家用电器，比如电灯、电视机、电冰箱等，都需要依靠电磁力来运行。电磁力对经济发展与社会生活起着非常重要的作用。

第三种是弱核力，它是放射性原来的原子核或自由中子衰变所产生的一种力。弱核力能够不断地改变宇宙中粒子的结构，并激发它们发生变化。

它虽然名字中带有一个弱字，但它一点儿也不弱，而且具有极强的力量。它也能用于治疗疾病等，为人类造福。

第四种是强核力，这是一种作用于强子之间的力。它是四种基本力中最强的。它的作用是把质子和中子结合成原子核，以便持续地为恒星的核聚变提供能量，使其长期绽放光芒。我们的太阳之所以能散发出如此强烈的光和热，都是这种力所起的作用。

博士停顿了一下，又继续开讲。在宇宙中，还存在着暗能量与暗物质。

什么是暗能量呢？ 它是宇宙中一种看不见、摸不着，人类现在还无法观测到的东西。但它在宇宙中无处不在。

暗能量还是宇宙中占比最高的一种能量，它的作用力极其巨大，可能就是它在驱动着整个宇宙中的天体有序地运行。宇宙也可能正是在它的驱动下，膨胀速度才如此之快。

科学家还将宇宙中的各种能量做了个数据统计，其中暗能量大约占 70%，暗物质大约占 25%。其他所有可见物质，包括太空中所有的星球和地球上的万物众生，加起来也只占大约 5%。由此可见，暗能量是多么不一般哪！

什么是暗物质呢？ 暗物质和暗能量一样，也是一种由天文观测推断存在于宇宙中的不发光物质，并在宇宙中发挥着巨大的作用。

暗能量与暗物质的存在，对于让宇宙中如此繁多的星球保持相对安全的距离平稳地运行，也起到很大作用。

三个孩子听到这儿，终于明白了为什么宇宙中那么多天体能维持平稳运行的状态，对神秘的宇宙更多了一份向往。

云飞扬希望有一种力，一种能抽掉自己“懒筋”的力。

他脑海中浮现出这样一番景象——忽然有一把无形的神奇钳子，在一根根地抽掉他身上的“懒筋”，结果抽出了一大箩筐。

他望着那一大筐如丝线一样的“懒筋”，暗自下定决心：一定要改掉懒惰的毛病！

艾萨克·牛顿（1643—1727），英国皇家学会会员、会长，物理学家、数学家、天文学家，百科全书式的“全才”，是万有引力定律的发现者。

宇宙中真是那么安静吗

怪博士又打开那包南酸枣糕吃了起来。他吃南酸枣糕的表情更加丰富，先是眉头紧蹙，后是眉目舒展，就像是吃到了无比稀有的人间美味。他这个表情，让三个孩子馋得不行。怪博士吃完东西，继续讲课。

在我们的认知中，宇宙中总是安安静静的，没有什么变化。月球围着地球转，地球围着太阳转，满天的星星到了夜晚才出现……似乎一年四季，都在重复着同样的景象。

但真实的情况完全不是这样的，只是因为我们用肉眼难以观察到宇宙中的那些变化。

如果用天文望远镜观察太空，就会发现在宇宙深空，时时刻刻都在发生着巨大变化。一是许多星球，都在以一种极快的速度飞行；二是很多星球之间在上演着无比震撼的“战争”。

天上的星球，有些也像小孩子一样，总是调皮捣蛋，不是你去碰一下我，就是我去撞一下你。

但是它们之间的碰撞，可不像小孩子之间的玩闹。它们只要一碰撞，就会撞出几十万米高的冲天火光，还会引发剧烈的大爆炸，形成漫天横飞的碎片和铺天盖地的尘埃云，甚至还会出现星球互相吞噬的现象。那种场面惊心动魄，险象环生。即便你离它们10万千米远，也可能会被它们的热流瞬间熔化成一缕青烟，踪影全无。

还有一些星球，即便是没有遭到任何碰撞，它也会突然狂躁不安地自我爆裂与燃烧。

出现这样的情况，一般都是那些星球到了生命末期，才发生这种不太寻常的反应。它们或许会由此变成一颗蓝超巨星或红超巨星，也可能会演变成黑洞，或者被别的黑洞吞噬掉。

三个孩子听到这儿，都被这样的景象惊得目瞪口呆。

章树叶深深地陷入了对这种场景的想象：仿佛有一颗正在燃烧的星球飞到他面前，火焰都快烧着他的眉毛了！

他赶忙躲闪，结果撞到云飞扬身上。

云飞扬不知道他发生了什么状况，愣愣地望着他。

他也不好意思解释这些，只顾自己呵呵傻笑。

星球碰撞假想图

10

宇宙中有哪些天体结构

地球和月球，组成了宇宙中最小的天体系统，称为地月系，它的平均直径大约是 77 万千米。

比地月系大一层级的天体系统是太阳系。太阳系拥有太阳和 8 大行星，218 颗已知卫星，5 颗矮行星，还有无数的小行星和彗星等。太阳系的直径大约是 4 光年。

比太阳系更大一层级的天体系统是银河系。银河系拥有太阳在内的 1500 亿～4000 亿颗恒星，还有大量环绕恒星运转的行星、小行星和彗星等，直径 10 万 ~20 万光年。

比银河系更大一层级的天体系统是本星系群。星系群即不规则星系团。本星系群拥有包括银河系及其附近几十个大小不等星系，直径为 600 多万光年。

比本星系群更大一层级的天体系统是超星系团。本超星系团由于中心位于室女座当中，所以又称室女星系团。本超星系团拥有本星系群、室女星系团以及其他约 50 个较小的星系群（团），尺度 1 亿～2 亿光年。

比本超星系团更大一层级的天体系统，是拉尼亚凯亚超星系团。它是一个无比庞大的天体系统，拥有包括本超星系团、长蛇－半人马超星系团，以及孔雀－印第安超星系团在内的大约 500 个超星系团，直径大约是 5.2 亿光年。

比拉尼亚凯亚超星系团更大一层级的天体系统是双鱼－鲸鱼座超星系团复合体。这个复合体拥有 60 余个群集，直径约为 10 亿光年。

比双鱼－鲸鱼座超星系团复合体更大一层级的天体系统是史隆长城。它是一个由无数个超星系团复合体串联起来的巨无霸天体结构。它长约 13.7 亿光年，就像是一道无边无际的宇宙之墙，横亘在深空当中。

另外还有武仙－北冕座长城。它是人类目前发现的最大天体结构。它的最长端横跨约 100 亿光年，几乎是人类目前可观测宇宙长度的 1/4。

当然，宇宙当中很可能还存在更大的天体系统，只是我们目前还没有发现它们。

三个孩子听到这儿，都为宇宙当中有这么多、这么大的天体系统而惊叹不已！

人物冒泡

云飞扬想：原来宇宙中的星球，都像是被一根无形的线串在一起，形成了一张无边无际的大网。

他脑海中浮现出这样一番景象——他和夏语、章树叶一起，扯着那根串联着星球的线，结果把宇宙中的星球都扯得抖动起来。很多的星球撞到了一起，到处是轰隆隆的爆炸声，震得他们晕头转向。

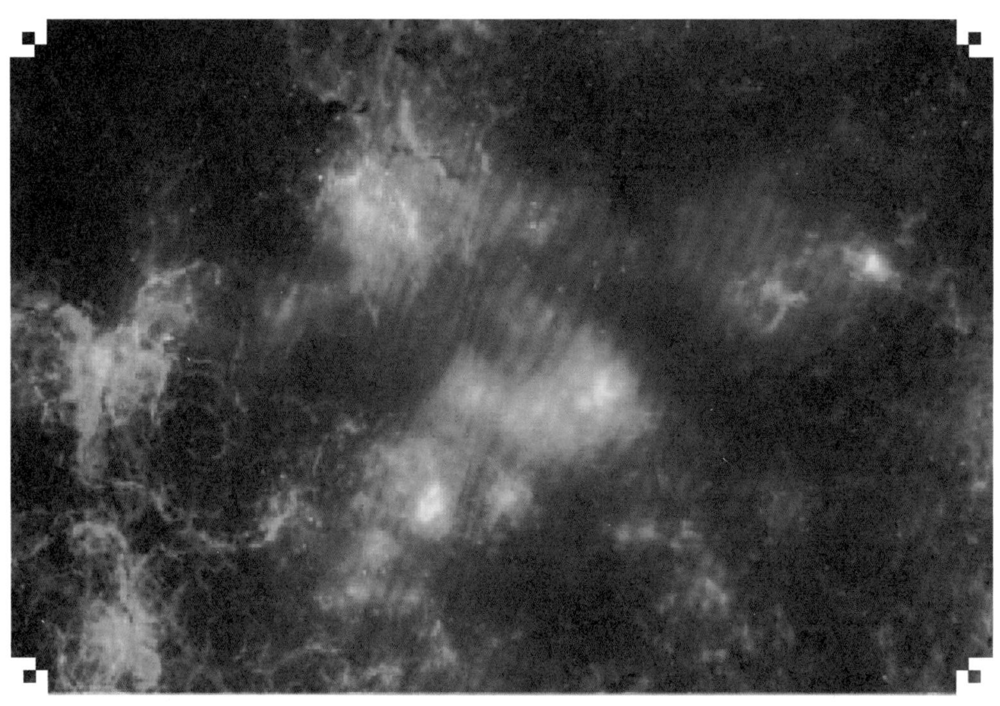

武仙－北冕座长城

如何去区分 宇宙中的星球

宇宙中有那么多的星球，如果不去区分，肯定没有人能记得全。为了更好地辨识星球，科学家做了分类。

按不同种类区分，可分为恒星、行星、卫星、矮行星、小行星和彗星等。

按恒星的演化阶段区分，可分为原恒星、主序星、红巨星、白矮星、中子星等。

按恒星的大小区分，可分为矮星、巨星和超巨星等。

按恒星的光谱区分，可分为 O、B、A、F、G、K、M，以及附加的 R、N、S 等类型。

按恒星的组合区分，可分为单星、双星、聚星和星团等。

按恒星的变量区分，可分为变星和非变星等。其中变星又分为脉动变星、爆发变星和食变星等。

按行星的特质区分，可分为类木行星和类地行星。但行星的这两种区分，只在太阳系中使用。

科学家对宇宙中星球的划分，都是有定义标准的。

什么是恒星？ 恒星是由炽热气体组成，能自己发光、发热的天体。太阳是离地球最近的一颗恒星，正是它的光和热能，为地球上生命的诞生和发展提供了必要条件。

距地球最近的恒星——太阳

什么是行星？ 行星主要有三项指标：一、它必须是围绕着主恒星运行的天体；二、它的质量必须足够大，外形要达到或接近球形；三、它必须有足够的力量，能够清空自身轨道上的其他天体。

另外，行星还有一个特点，那就是行星本身不会发光，不像恒

行星图

星那样会发生核聚变。

什么是卫星？ 卫星是环绕主行星运行的天体，比如月球就是一颗围绕着地球运行的卫星。卫星自身不发光，它也像行星一样，只能反射恒星的光。

如果卫星和主行星的质量相近，它们还可能形成双星系统，比如冥王星与冥卫一，就是这样的双星系统。

天然卫星

另外，人造卫星虽然也被称为卫星，但它是由人类建造和发射到太空的航天器，与天然卫星有着本质的区别，因此不能混淆。

人造卫星

什么是矮行星？矮行星又称“侏儒行星”，它的体积介于行星和小行星之间，是

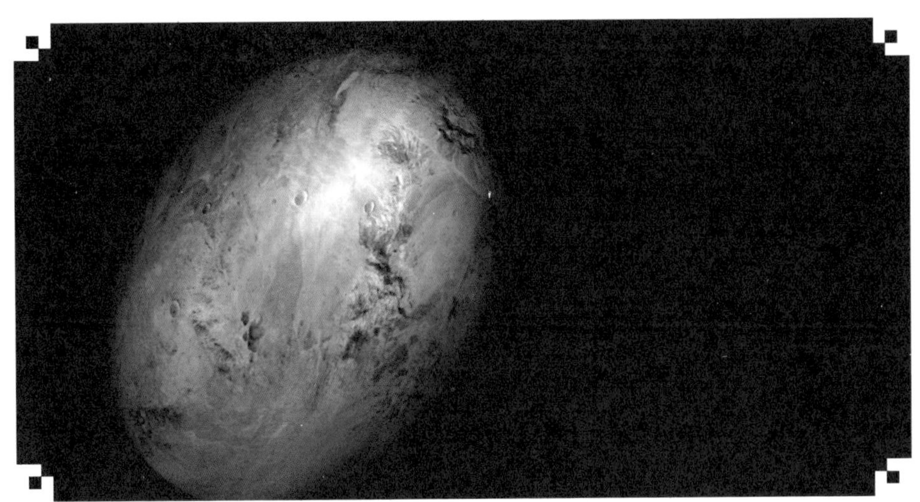

矮行星

围绕着恒星运行、接近圆球形的天体。由于它没有足够的能力清空自身轨道上其他的天体，所以还不能称为行星。冥王星就是个例子。

什么是小行星？ 小行星是太阳系内，一种类似行星环绕太阳运行，但体积和质量都比行星小得多的天体。在太阳系中，火星与

小行星

木星之间有条很宽的小行星带，那儿布满了大量的小行星。它们的体积大多比较小，只有少数直径大于 100 千米。而绝大多数的小行星，都像碎石一样飘在太空中。

什么是彗星？ 彗星是太阳系内，亮度和形状都会随着与太阳的距离变化而变化的天体。它们的外貌非常独特，似云雾状。彗星的结构分为彗核、彗发和彗尾三个部分。它们是由宇宙中的尘埃和冰雪组成的，所以在靠近太阳时，会因为太阳的照射而蒸发，从而形成一条长长的尾巴。彗尾长达数万千米，最长的能达到几亿千米，非常壮观。彗星由于形状像一把扫帚，所以又被称为扫帚星。

彗星的运行轨道多为抛物线或双曲线，极少数是椭圆形。目前人类已发现的围绕太阳运行的彗星有 1600 多颗。著名的哈雷彗星围绕太阳一周，大约需要 76 年。

三个孩子听到这儿，对星球的分类有了很清晰的了解。他们都想学到更多的宇宙知识，所以都静静地等着怪博士继续讲下去。

哈雷彗星

云飞扬的脑海中浮现出这样一番景象——他拥有一根无所不能的指挥棒，能够指挥天上的星星飞行。他想要星星飞到哪儿，星星就会飞到哪儿。他想要星星更加明亮，星星就会发出耀眼的光芒。

他就像个艺术家，疯狂地挥舞着指挥棒，指挥着星星飞来飞去。可是他毛手毛脚，一不小心，竟将指挥棒指到自己的鼻子上。结果星星像炮弹一样朝他飞来。他吓得目瞪口呆，不知如何是好。就在那些星星快要飞到他面前时，他终于反应过来，赶忙挥舞着指挥棒，将那些星星指向了其他方向。

12

能吞噬一切的黑洞是什么样子

在宇宙中，还有一种最神秘、最危险、最恐怖的天体，那就是人人畏惧的黑洞。

2019 年 4 月 10 日 21 时，全世界天文学家通力合作，终于拍摄并公布了首张黑洞相片。

这是一个位于室女座的黑洞。它的质量约为太阳的 65 亿倍，距离地球 5500 万光年。

这张相片的问世，再一次证明了爱因斯坦的相对论是正确的。

黑洞是怎么形成的呢？

一般是由于一颗恒星在生命末期，因为核聚变反应的衰弱，引力无法维持平衡运行，自身开始全面崩塌，从而演变形成一种能量极高、运行极快、引力极大的黑色圆形天体。

黑洞能吸进一切靠近它的物体，然后撕裂碾压成细微的颗粒，再吞入洞内。即便是光，也无法逃脱。

宇宙中这样的黑洞有几十亿个，其中很多就潜伏在星系的中心区域。

黑洞大致可分为三类：第一类是恒星级别的黑洞，它们的质量一般是太阳质量的几倍到一百倍；第二类是中等级别的黑洞，它们的质量一般是太阳质量的一百倍到十万倍；第三类是超大级别的黑洞，它们的质量一般是太阳质量的十万倍以上。

根据天文学家们的推断，宇宙中既然有黑洞，也应该有个相应的“白洞”。黑洞是将一个即将“死亡”的世界中的所有物质，吞噬压缩成一颗极小的粒子，也就是那个体积无限小、质量无限大的奇点。然后奇点会从另一端的“白洞”吐出来，并发生大爆炸，从而再创造一个新宇宙。

也有人猜想，宇宙本身就是一个大黑洞。虽然在这个大黑洞中还存在着无数的小黑洞，但它们都像是宇宙的“器官”，在为整个宇宙的运行创造能量，起着新陈代谢的作用。

黑洞与黑洞之间也会相互吞噬。因此又有人提出，当宇宙中所有的星球全面崩塌，黑洞之间就会加速互相吞噬，直到归于最后一个大黑洞时，才能创造出奇点。然后奇点再从“白洞”中出现，发生大爆炸，形成一个新宇宙。

如果真是这样，那么黑洞的存在，也许就没有那么可怕了。

还有一些科学家认为，可能存在着多重宇宙，就是在我们的宇宙之外，还有很多的宇宙。就像是有很多的泡泡飘在天空中一样，我们所在的世界，只是其中的一个泡泡。

由于人类过于渺小，我们目前就连自己所在的宇宙都无法全面了解，所以更无法去了解多重宇宙了。

听到这儿，三个孩子对黑洞也有了一定的了解。原来关于黑洞有这样多的猜想，真是令人眼界大开！

云飞扬想：如果太空中真的存在多重宇宙，那会是什么样子呢？

他脑海中浮现出这样一番景象——有很多宇宙泡泡飘在空中，每个宇宙泡泡中都有外星人。有些外星人有几座高楼叠起来那么高；有些外星人的手有几千米长；还有些外星人的鼻子像啄木鸟……他真想钻进这些泡泡中仔细看一看。

阿尔伯特·爱因斯坦（1879—1955），物理学家。1905 年提出光子假设，成功地解释了光电效应。1905 年创立狭义相对论，1916 年创立广义相对论。

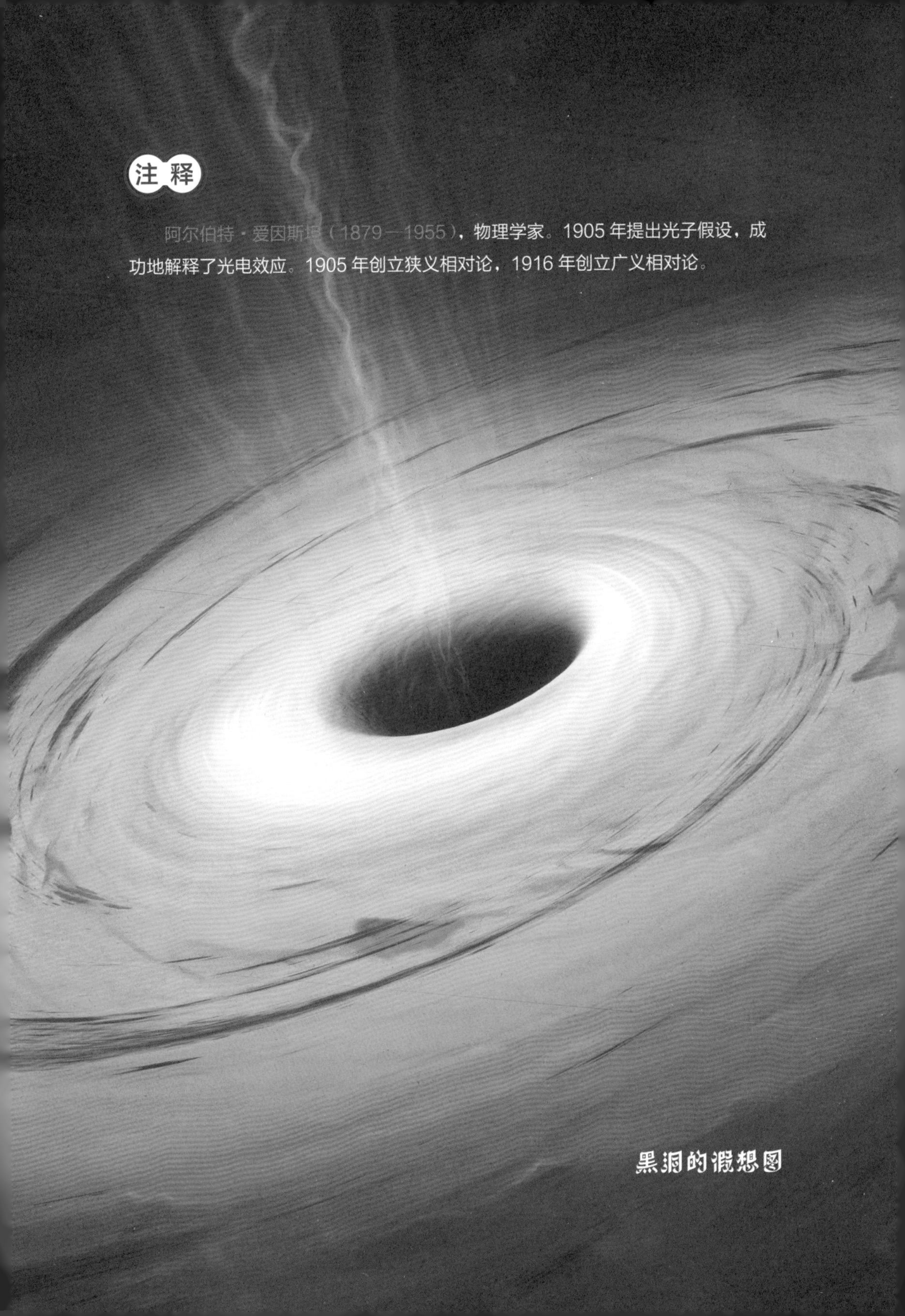

黑洞的假想图

13

宇宙中可能存在的“虫洞”

在宇宙中，还可能存在一种比黑洞更神奇的天体——“虫洞”。

虫洞即时空洞，这个概念是1916年由奥地利物理学家路德维希·弗莱姆首先提出的，后来爱因斯坦和纳森·罗森这两位科学家也假想了这一概念。所以，虫洞又被称为“爱因斯坦－罗森桥”。

为什么会出现这种假想呢？那是因为在浩瀚无垠的宇宙中，天体之间的距离实在太遥远了，即便是以光年计算，以目前人类速度最快的飞行器，从地球飞往银河系以外的星球，动辄需要几百万年的时间。这便成了人类无法企及的事情。

于是，科学家就提出了这样一种假想。他们认为，在茫茫宇宙中，可能存在一种时空隧道，也就是虫洞。

虫洞就像是无数条连接宇宙的时空管道，只要找到它的入口，或许从一颗星球到达另一颗星球只需要几分钟，甚至更短的时间。还有人认为，虫洞的入口就隐藏在暗物质当中，只要踏进那个入口，就能瞬间到达你想要去的地方。

虫洞的原理大致是这样的：它就像一张纸质地图，只要把你

所在的地方和你想要去的地方，对折到一个点上，这样，再远的距离都只是一步之遥。

还有人假想，只要你踏入虫洞，你之前所在的地方，就会随之消失。而你要去的地方，会立即出现在你面前。等你想要回到原来的地方时，你原来所在的那个地方，才会再次在你面前出现。

如果宇宙中真的存在这样的虫洞，那我们周游宇宙，甚至拜访其他宇宙，都将成为一件非常容易的事情。

三个孩子听到这儿，都惊呼起来。宇宙中竟然还可能存在这样神奇的天体！他们对虫洞假说，产生了浓厚的兴趣。

云飞扬想：虫洞的入口，会不会就藏在课本中的某些汉字里面呢？他觉得很多汉字都像是虫洞的入口。

他脑海中浮现出这样一番景象——课本中的“回”字突然变成了一个虫洞。他跳入这个虫洞，瞬间便到达了我们这个宇宙的边缘。

他看到宇宙的边缘到处是金色的霞光，远处还悬浮着很多的其他宇宙。而且在每个宇宙当中，都有个一模一样的自己。他兴奋地向其他宇宙中的自己招手示意。

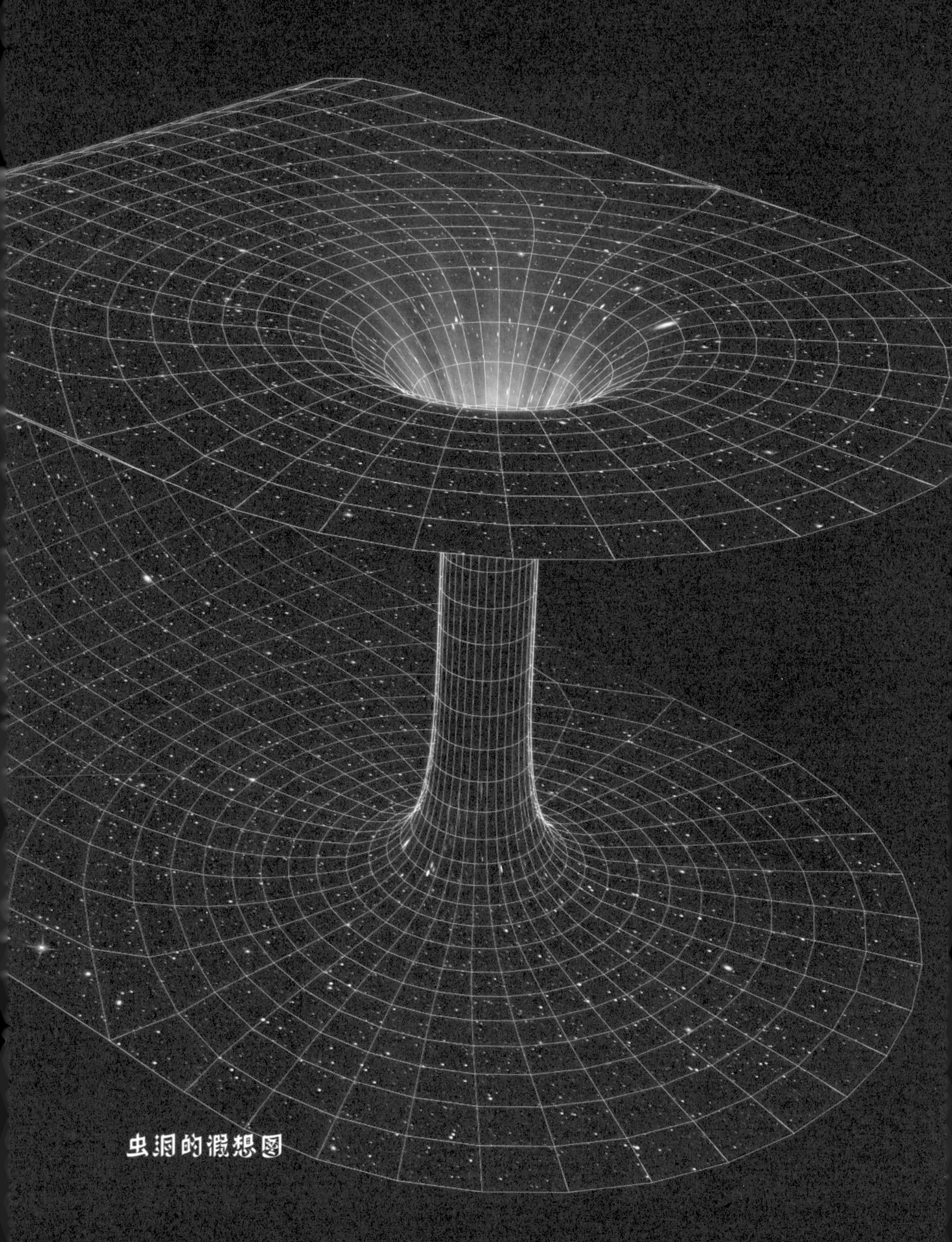

虫洞的假想图

太阳为什么
那么明亮

如太阳大约诞生于 50 亿年前，它是太阳系的中心天体，直径 139.2 万千米，为地球的 109 倍，体积是地球的 130 万倍。

太阳上最丰富的元素是氢，其次是氦，还有碳、氮、氧和各种金属元素。

太阳拥有无比巨大的能量，它的内部就像个永不停歇的核反应堆，每秒所产生的能量，相当于 1000 亿吨高能炸药所产生的总能量。

其实太阳是颗黄矮星，属于等离子体。它主要是由核心、辐射区、对流层、光球层、色球层、日冕层等几个部分组成，表面有效温度 6000℃，中心温度高达 15700000K。

太阳是距离地球最近的一颗恒星，大约只有 1.5 亿千米。科学家为了方便计算巨大的天文数据，便将地球与太阳之间的距离，定为一个天文单位。所以一个天文单位约为 1.5 亿千米。

太阳上的光到达地球大约需要 8 分钟，地球接受的光能，大约只有太阳释放总能量的二十二亿分之一。这些光对地球生命具有重要意义。

太阳围绕银河系公转一周，大约需要2.5亿年。它自转一周，在日面赤道带约25天，两极区约35天。

根据科学家的推算，太阳大约有100亿年的寿命，目前已经存在了50亿年，真可谓“年过半百”了。

再过大约20亿年后，太阳内部的氢元素将会耗尽，到时它会剧烈地膨胀。30亿～40亿年后，太阳的体积可能会膨胀到现在的200倍，成为一颗红巨星。到那时，它可能会将水星和金星，甚至是地球全部吞噬掉。大约50亿年后，随着能量的耗尽，太阳的核心将逐渐坍塌，最后变成一颗白矮星，直至消亡。

太阳还有三大奇观。

一是日冕。日冕是太阳外层出现的一种向外喷发熔浆的现象。日冕出现时，温度可能高达1000000℃。日冕只能在“日全食”时，通过日冕观测仪看到。它的形状会随着太阳活动的程度而变化，通常会出现一个冕洞。那个冕洞，便是太阳风暴的“风源”引发点。

二是太阳风暴。太阳风暴是太阳向外抛射的，一种带有强大磁场的物质现象，是太阳大气中的一种规模巨大的能量释放。它会对地球产生一系列扰动，会辐射人的皮肤，破坏人的免疫系统，还会损坏输电设施，会给人类造成巨大的影响。

三是日全食。日全食是太阳、月球、地球三个天体，恰巧运行到一条直线上，从而在地球的某些地方，看到太阳被月球遮住的天文现象。由于月球比地球小，所以只有在被月球的影子遮挡的地区，才能看到日全食。中国民间把这一现象，叫作“天狗食日”。

听到这儿，三个孩子对太阳有了更多的了解，原来太阳竟然是一颗黄矮星。它释放的亮光大约需要 8 分钟才能到达地球。它大约也到了生命的中期，可能会在 50 亿年后消亡。

人物冒泡

云飞扬突然担心起来，如果太阳消亡了，人类该怎么办？

他脑海中浮现出这样一番景象——在太阳的火舌即将吞噬地球的时候，地球上的科学家终于成功地研制出了超能宇宙飞船，所有人都乘坐超能宇宙飞船飞离了地球，飞向宇宙中另一颗蓝色星球。

由于乘坐超能宇宙飞船的人太多，云飞扬被挤到了飞船的边缘，差点就掉下去了！夏语和章树叶想过来帮他，可怎么也挤不到他的身边，急得他俩的眼珠子都快要瞪出来了，恨不得用眼神将他拽到飞船的中央！

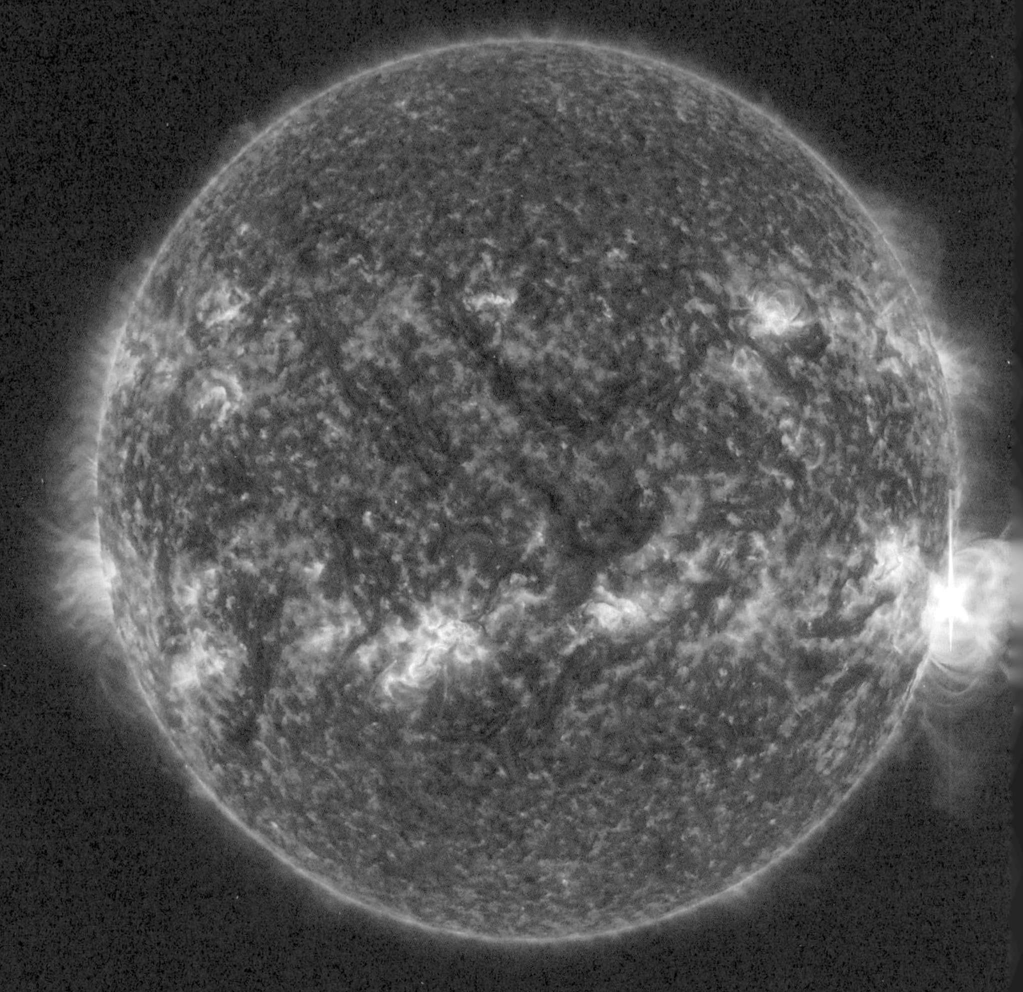

太阳

神秘的水星上有什么

怪博士又拿起麻辣牛肉粒吃了起来，他越嚼越有滋味，声音也越嚼越响。

再次听到这样的声音，章树叶的口水就像决了堤的河水，止不住地往下流。他再也克制不住自己，赶忙掏出一颗早就藏在口袋里的麻辣牛肉粒放进口中，偷偷地吃了起来。

夏语此时也在流口水，她也以极快的速度掏出一样东西放进嘴里。她看到云飞扬没有东西吃，忙塞给他一样东西。云飞扬一看，是南酸枣糕，也以同样快的速度放进口中。这个时候有东西吃，他觉得真是一件开心的事情。

大家吃了点东西，怪博士继续开讲。现在要讲的是水星。水星上面又有什么呢？

水星距离太阳 5791 万千米，是太阳系中距离太阳最近的一颗行星。它属于类地行星，构造与地球相似，也是岩质结构，同样有着地壳、地幔和地核。

水星是八大行星中体积最小的一颗，直径大约 4878 千米。由于它距离太阳太近，所以它的运行速度也特别快，围绕太阳公转一周，需要 88 天，平均秒速大约 48 千米，比火箭飞行的速度还要快 6 倍。

水星自转一周，需要 59 天，算是自转速度非常慢的星球。

水星是太阳系中表面温差最大的一颗行星。表面温度向太阳的一面约 440℃，背太阳的一面最低可达 −160℃以下。人类若是生活在水星上，大概白天要被烤成焦炭，晚上又要被冻成冰块。

水星表面和地球一样，也有很多的环形山和悬崖峭壁，以及盆地与平原。由于长期经受强烈的太阳烘烤，它的表层出现了很多褶皱与裂缝。它还遭受了无数次陨石撞击，所以到处是坑坑洼洼的。

水星虽然个头很小，但它的密度非常大，竟然排在八大行星中的第二位，仅次于地球。

水星上没有液态水，只有一些冰存在。“水星”这个名字其实与水没有任何关系，只是中国人的一种叫法。欧洲人叫它“墨丘利”，墨丘利是罗马神话中的商业神。水星大约 70% 是金属，特别是铁，30% 是硅酸盐等物质。现在地球上每年开采的铁，大约只有 8 亿吨。如果按此推算，水星上的铁，足够人类开采 2400 亿年。

水星还有一大奇观，那就是平均每 100 年发生大约 13 次“水星凌日”的现象。

水星凌日现象的发生，与日全食的过程相似。当太阳、水星、地球三个天体运行到一条直线上时，从地球上就能观测到，太阳的表面有一个小黑斑在缓慢地移动，这就叫水星凌日。

只是由于水星太小，它的身影不能完全挡住太阳，所以不能呈现出那种日全食的震撼效果。

不过，我们不能直接用肉眼去观测水星凌日，必须借助带有滤光片的望远镜才行，否则阳光会灼伤我们的眼睛。

听到这儿，三个孩子对水星有了更深刻的了解，原来水星和地球一样，也有地核、地幔和地壳。而且它距离太阳是那么近，还含有那么多的铁。

人物冒泡

章树叶在想：水星上没有水，却被叫成水星。自己家没有樟树，自己却被叫作章树叶。是不是缺什么，就要叫什么呀？

他想他还缺一趟星际旅行呢！是不是也有人会帮他实现这个梦想呀！

他脑海中浮现出这样一番景象——有位科学家真的为他建造了一艘宇宙飞船。他驾着那艘宇宙飞船，飞向太空去实现他的星际旅行梦想。他飞过许多星球，看清了它们是什么样子。

水星

金星上有什么

金星也是一颗类地行星，中国人还把它称为“太白星”。

从地球上看，金星的明亮度仅次于月球，竟然比著名的“天狼星”还要亮。它就像一枚璀璨夺目的钻石，高悬在广袤无际的夜空。

金星也同水星一样，只在黎明与黄昏时出现。因此，它也被称为“启明星”或“长庚星”。在罗马神话中，它代表爱与美的女神，所以又被称为“维纳斯”。

金星是太阳系中第二靠近太阳的行星，距离太阳 1.08 亿千米。同时它也是距离地球最近的一颗行星，与地球的距离只有大约 4050 万千米。

金星的直径比地球要小一些。表面有很多的高峭山脉，还有一条从南到北的大峡谷。这条大峡谷的长度大约有 2000 千米，是八大行星上最长的一条峡谷。

金星还是太阳系中最热的一颗行星。它的表面温度大约为 480℃。即便是最低温度，也约有 464℃。

金星上有许多火山在剧烈地喷发，到处是冲天的火光，遍地是沸腾的熔岩流。那些炽热的熔岩流将金星地表冲出了一张规模宏大的沟渠网络。

金星的体积与地球非常接近，地表环境却与地球有着天壤之别。它的表面有一层稠密的大气，大气中的二氧化碳含量竟高达97%。稠密的大气锁住了热量，从而造成金星上那种奇高的温度。

而且，那层大气的气压非常之强，大约是地球气压的 90 倍，相当于地球上 900 米的深海压强。

此外，金星上还时常会下一种腐蚀性极强的酸雨，到处充斥着浓烈的硫黄臭味。

金星上的环境，可谓是非常恶劣，不适合人类生存。

不过，金星也有三大奇观。

一、它和月球一样，同样有着周期性的圆缺变化，只是金星距离地球太遥远了，我们无法用肉眼观测到。

二、它是顺时针自转的，与大多数行星的自转方向相反。所以，如果在金星上能看见太阳，太阳会是西升东落，正好与地球相反。

三、它围绕太阳公转一周，需要 225 天；但自转一周，需要 243 天。金星上的一天，竟比它一年的时间还要长。

三个孩子听到这儿，也对金星更了解了。原来，那颗美丽明亮的星球上面，环境竟然如此恶劣，到处是火山喷发和熔岩流动，还有那么强的大气压强。

金星

17

充满悬念的火星上有什么

课讲到这里，怪博士忽然对三个孩子说道："我有一个想法，今天先不讲地球知识了，因为地球知识实在太多，需要讲很长的时间才能讲透。他对孩子们说："如果你们想全面了解地球知识，我以后找个时间，单独为你们仔细讲，你们说好不好？"

三个孩子都觉得这个建议非常好，纷纷点头表示赞同。

怪博士见三个孩子都同意，于是讲起了火星的知识。

火星是第四靠近太阳的行星，也是一颗类地行星，被称为"红色行星"，还被一些外国人誉为罗马神话中的"战神"。

火星距离太阳 2.28 亿千米，赤道直径约为 6760 千米。

火星的地貌与地球相似，同样有很多的高山、平原和峡谷。表面却被一层厚厚的赤铁矿覆盖，那些赤铁矿在太阳光的照射下，反射出红色的光芒，所以火星看上去是红色的，这也是它被称为"红色行星"的缘由。

火星表面没有液态水，但有冰存在。火星也有大气层，成分以二氧化碳为主，但大气非常稀薄，大气压只有地球的 60%。火星距离太阳有些遥远，所以表面非常寒冷，最高温度只有 28℃，最低温度却达到 −132℃。

火星上还经常暴发一些规模巨大的沙尘暴。规模最大的沙尘暴，可能要比地球上的大一万倍，能席卷大半个火星表面。那种场面，真可谓是遮天蔽日，令人惊骇！

火星围绕太阳公转一周，需要 687 天。但它自转一周，只需要 24 小时 37 分，非常接近地球的自转时间。

火星还有两颗卫星，它们分别是火卫一和火卫二。这两颗卫星的形状都不太规则，可能是路过那儿的小行星，被火星捕获到了自己身边。

火星之所以最受人类的关注，是因为它给了人类无限的希望。

有证据表明，在十几亿年前，火星几乎与现在的地球一样，也有着厚厚的大气层，并同样处在太阳系中最适合生命存在的宜居带上。或许火星上面，曾经有过生命。

但是在大约 7 亿年前，火星上的二氧化碳含量不断地飙升，最后导致那颗有过生命迹象的星球，变成了今天这副模样。

火星的变化，也给了人类警示，我们要好好保护地球，控制二氧化碳排放，不要让地球变成第二颗火星。

讲到这儿，怪博士摘下眼镜，眼里充满希望的光。如果有一天，人类能够利用火星上的那些丰富的水资源，将火星进行翻天覆地的大改造，使它变成一颗适合人类生存的星球。等到将来地球真的不适合居住时，我们就可以移居到火星上。

不过，大约20亿年后，由于那时的太阳开始膨胀，或许能给火星带来一次极好的自然改造机会。那时的火星，气候可能会变得温暖湿润，又会重新成为一颗很适合生命生存的星球。

令我们骄傲的是，中国对火星的探索，也取得了相当大的成就。由中国科学家团队所研制的天问一号航天器，已于2020年7月23日发射升空，并于2021年5月15日着陆火星表面。天问一号搭载的祝融号火星车，也于2021年5月22日安全地驶出着陆平台，到达火星表面，开始对火星进行实地巡视探测，并传回了大量的图片和相关数据信息。

三个孩子听到这儿，对火星产生了浓厚的兴趣，原来火星以后可能会变成最适合人类居住的星球，而且中国的航天器，还成功地登陆了火星！

云飞扬想：现在有很多的大人，都说我们小孩子说的话是火星语言。我们是不是真的需要为人类以后移居火星，提前创造火星语言呢？

他忽然觉得，以后火星语言也可能不好用了，应该去创造宇宙语言。

火星

18

望而生畏的木星上有什么

木星是太阳系中体积最大、自转速度最快的行星，被称为“灵活的大胖子”。它是第五靠近太阳的行星，距离太阳7.78亿千米。

木星是一颗气态巨星，它的表面都是气体，没有像地球一样的坚固地表。

木星的体积，大得令人望而生畏。它的赤道直径约为143000千米，是地球的11.18倍。它能装下太阳系中所有的其他行星，是个名副其实的“大胖子”。如果靠近去看它，就像整个天空都是它的身影，会让你感觉面前有个无比庞大的圆球，在一点点地碾压过来。

木星围绕太阳公转一周，需要11.86年；自转一周，却只需要9小时50分。可见它的自转速度快到了什么程度。由这种速度所带起的超级飓风，要比地球上最大飓风的时速快一倍以上。它可以摧毁一切，能够瞬间夷平一座城市。它也把木星上的大气，吹成了一条条的线纹状。还有许多的地方甚至被吹成了巨大的旋涡状。那些超级飓风，还引发了无数的超级闪电雷暴，那些闪电雷暴所放射的光芒，能够顷刻之间置人于死地。木星上的这一狂暴现象，已经持续了 350 年，直到今日也没有停止。

木星大气层中90%是氢气，10%是氦气。木星的表面有红、褐、白三种颜色，并有很多的条纹图案，还有几道层次分明的木星环。

木星环是由主环、暗环和内晕三部分组成。主环距离木星的中心大约 13 万千米，宽度大约 6000 千米；暗环的宽度大约 5 万千米；内晕的延伸范围，上下可达大约 1 万千米。

木星表面的最高温度大约是 −105℃，最低温度大约是 −168℃。

虽然木星也拥有大量的氢元素，却无法产生核聚变，所以还不能成为一颗恒星，只能委屈地做一颗行星。

不过木星对地球的帮助，是相当巨大的。它是地球的“保护神”，有很多要撞击地球的外太空天体，都被它当成可口的“糖果”吃掉了。可以说，地球有现在的平安，多亏这位“大哥”夜以继日的保护。

木星也有两大奇观。

一是它有个“大红斑”。那个大红斑就是嵌在木星云带内的云团。大红斑的长度大约有 2.6 万千米，宽度大约有 1.1 万千米。它的中心，还有颗“小黑痣”，那是大红斑的核。有些科学家观测，大红斑的威力正在逐步地减弱，估计会在 20 年后全部消失。也有些科学家分析朱诺号木星探测器的照片后认为，这个反气旋风暴并未减弱。

二是木星有许多颗卫星。其中木卫一和木卫二，都含有大量的水。尤其是木卫二的含水量，大约是地球的100倍，可谓是宇宙中的“超级水库”。而且这两颗卫星上面，还含有氧和稀薄的大气，所以它们也是人类实现星球移民首选的地方之一。或许在这两颗卫星上面，都有生命存在。

听到这儿，云飞扬腾地一下从座位上蹦了起来，差点把面前的桌子都掀翻了。他扶了扶桌子，激动地问道：“唐爷爷，这两颗卫星上面有外星人吗？”

章树叶也跟着从座位上蹦了起来，补充道：“唐爷爷，我也想知道这个问题的答案！”

怪博士笑着示意他俩坐下：“目前在这两颗卫星上面还没有发现有外星人存在。不过或许有一天，人类会登上这两颗卫星，到时就可以知道真正的答案了。”

“唐爷爷，木卫二有多大呢？它距离我们地球，又有多远呢？”夏语也问道。

怪博士答道：“木卫二的直径，大约有3138千米，体积大约只有地球的四分之一，与月球的大小差不多。它距离地球大约有6亿千米。虽然距离这么遥远，但随着科技的发展，或许在不久的将来，人类就能对木卫二有更多的了解。

“另外，木卫一和木卫二，都是意大利天文学家伽利略于1610年发现的。这位科学家特别了不起，我们都要记住他的名字。”

人物冒泡

云飞扬脑海中浮现出这样一番景象——他乘坐一艘飞船，飞到了木卫一和木卫二两颗卫星上，并遇见了很多的外星人。他用宇宙语言跟那些外星人打招呼，他们很快就听懂了。

他想走出飞船去与外星人握手，可刚走出舱门，就遇到了一阵超级飓风。他赶紧退回舱内，全身禁不住哆嗦起来……

木星

土星上有什么

土星是太阳系中第六靠近太阳的行星，距离太阳 14.27 亿千米，属于类木行星中的气态行星。土星的密度非常低，只有水密度的 70%。

土星拥有一个巨大的光环，这个光环共有 7 层，厚度不足 1 千米，宽度却达到了 30 万千米，几乎是地球到月球的距离。远远看去，这个光环就像是一张极薄的巨型唱片，令人叹为观止。

此外，土星还拥有至少 150 颗卫星，目前已经确认的有 83 颗。

土星的组成中，大约 75% 是氢，25% 是氦和其他物质。

奇妙的是，土星与地球之间，还存在三个数字方面的有趣关联：一、它与太阳的距离大约是地球与太阳距离的 9.5 倍；二、它的直径大约是地球的 9.5 倍；三、它的质量大约是地球的 95 倍。

土星的表层温度，最高约 −150℃，最低大约为 −191℃。但它的内核温度，高达 11700℃。

土星围绕太阳公转一周，需要 29.46 年；但自转一周，只需要 10 小时 14 分。土星和木星一样，也是一颗自转速度极快的星球。

由于土星表面的温度较低，所以有许多原始物质被保留了下来。科学家们认为，研究土星上的那些原始物质，就能更加准确地知道形成太阳系的那些最原始的元素是什么。

土星也有三个令人惊叹的景观。

一、在土星的北极地区，有个十分恐怖的六边形风暴区域。那片区域的跨度巨大，大约能装下 4 个地球。它的中心还有个风暴眼，就像个奇幻的幽灵，不断地在那儿闪现，十分诡异。

二、土星上可能会下一种令人意想不到的雨，那就是钻石雨。不过这目前只是科学家的推测，尚未得到证实。

三、在土星的众多卫星中，土卫二和土卫六也可能存在液态水，甚至还可能存在海洋和大气。或许这两颗卫星上面，也有生命存在。

听到这儿，云飞扬再次按捺不住激动的心情站了起来：“唐爷爷，这两颗卫星上会有外星人吗？”

章树叶也同样激动地站了起来：“这两颗卫星上既然有那么好的条件，应该会有外星人的！”

怪博士忙示意他俩坐下：“目前，还没有找到这两颗卫星上有外星人存在的证据。”

听到这个回答，三个孩子都有点儿泄气。但他们对这颗星球，也有了很深刻的了解。原来这颗神奇的星球，竟然拥有这么多卫星，还有个那么壮观的光环！

最最奇特的是，这颗星球上可能还会下钻石雨。如果那样的钻石雨能下到地球上就好了，这样地球上就到处是钻石了！

夏语脑海中浮现出这样一番景象——她乘坐一艘飞船，飞到了土星上面，装了一飞船的钻石回来。

她把这些钻石，分给了许许多多需要帮助的人，让这些来自浩瀚宇宙的光亮温暖地球的各个角落。

土星

“懒”得出奇的天王星上有什么

天王星是一颗极其美丽的星球，它的表面散发着青幽幽的光芒。它是太阳系中距离太阳第二远的行星，与太阳的平均距离约28.7亿千米。天王星是一颗冰巨星，也属于类木行星，有上百条粗细不等的光环。

天王星的赤道直径约为地球的4.1倍，质量为地球的14.6倍。大气主要成分为氢，氦只占15%。

天王星是太阳系中十分寒冷的一颗行星，表面平均温度约-180℃。公转周期约84年，而自转一周，只需要17.9小时。

天王星拥有27颗卫星，所有卫星均以莎士比亚或蒲柏著作中的角色命名。

天王星之所以被人们称为太阳系中最“懒”的行星，那是因为它长年都是以一种“躺”着的姿势运行。它的自转轴只有极小的倾斜度，所以造成了这种罕见的现象。因此也形成了它独有的四季交替变化，每到一个季节，都要持续21个地球年，而且还会出现连续21年的极昼或极夜现象。

如果人类生活在天王星上，一年就等于地球上的 84 年。假如在天王星人均寿命能达到 75 岁，那么按照地球上的时间来计算，人均就能活到 6300 岁了！倘若真是那样，大家见面打招呼，都只会问一个问题：“你的牙齿掉完了没？”

三个孩子被怪博士那风趣幽默的语言逗笑了。他们也对天王星有了更深刻的了解，原来天王星是太阳系中最“懒”的行星。

章树叶想，如果他能活到 6300 岁，将会是什么样子呢？

他脑海中浮现这样一番景象——他的皮肤比鳄鱼皮还要坚硬好几倍。他脸上的皱纹，也要比松树皮皱很多。他的头发，都长得像一棵棵小樟树了，还有很多的鸟儿在上面做鸟窝。他走到哪儿，就有一群鸟儿跟着他飞。

好在他还有两颗门牙没有掉，于是他总是龇着那对门牙，笑眯眯地到处显摆，生怕别人不知道他还有牙齿一样。

天王星

恰似蓝宝石的 海王星上有什么

海王星的出现，本身就是个传奇。它竟然是一颗先由科学家通过理论计算出来，而后才被证实存在的行星，所以也被称为“笔尖上的行星”。

海王星是太阳系中距离太阳最遥远的一颗行星，也属于类木行星中的冰巨星。它的表面呈宝蓝色，特别迷人。

但是千万别被它那美丽的外表所迷惑，其实它异常暴虐。由于它距离太阳实在太遥远了，又没有足够厚的大气层来保护自己，所以它的表层极度寒冷，温度一般都在 −218℃左右。而且海王星表面风暴不断，最高风速竟然达到 2000 千米 / 时，比木星上的飓风风速还要快。

如此恐怖的风速，是声音传播速度的两倍左右，能迅速摧毁一切东西。如果人类生活在这颗星球上，刚走出门，就会被吹到天上去。不需要几天工夫，就能周游太阳系中的几大行星了。

海王星距离太阳大约 45 亿千米。它的赤道直径约为地球的 3.88 倍，约 49500 千米。海王星的质量是地球的 17.15 倍。它围绕太阳公转一周，需要 164.79 年，自转一周需要 16.11 小时。

海王星的大气由氢、氦和甲烷气体构成。海王星看起来是蓝色的，正是因为其大气中有甲烷气体。甲烷气体吸收了来自太阳的红色光，当它把红光从可见光中剔除后，就剩下了蓝光。海王星虽然表层温度约 -218℃，但它的内核温度有大约 7000℃。可见海王星也是一颗外表极其冷酷，但内心十分火热的星球。

海王星有三大奇观。

一、在海王星的南极，有两条宽约 4345 千米的巨大风云带，在中间的地方，形成了一片如“黑眼睛”一样的区域。这片区域足以装下一颗水星。根据科学家的观察，这片“黑眼睛”区域，其实是个大气层的洞口，是通往下方黑暗云层的入口。

二、在海王星上，还可能存在一个巨大的钻石海洋，只是这个钻石海洋，还需要科学家们进一步证实。

三、海王星拥有 14 颗已知的卫星。其中海卫一是一颗很不寻常的卫星。它是唯一拥有行星质量的不规则卫星，而且它的公转轨迹与海王星的自转方向相反。

更为有趣的是，这颗卫星的表面非常奇特，竟然布满了像哈密瓜表面一样的花纹。这是在目前已知的天体中，出现的一种绝无仅有的地表现象。

最令人振奋的是，在海卫一上，发现了丰富的冰冻水。科学家们猜测，这颗卫星上有可能存在生命。

云飞扬又兴奋地蹦起来问道："唐爷爷，这颗卫星上有外星人吗？"

怪博士答道："目前在这颗卫星上，还没有找到外星人的活动痕迹。"

夏语也跟着问道："在我们太阳系，到底有多少颗可能存在生命的星球呢？"

怪博士答道："除了地球以外，至少还有六颗星球可能存在，或者曾经可能存在过生命。它们分别是早期的金星，以及现在的木卫一、木卫二、土卫二、土卫六和海卫一。而在整个宇宙当中，至少有 1000 颗星球适合生命存在。这些，都需要进一步的研究与求证。"

三个孩子听到这里，又对探索外星文明燃起了无限的希望。

云飞扬在想，如果宇宙中有 1000 多颗星球上都有外星人，那加起来会有多少外星人呢？

他脑海中浮现出这样一番景象——所有的外星人都聚到一起，然后排成一条长队，结果竟然从地球排到太阳上面去了，队伍长达 1.5 亿千米，非常令人震撼！

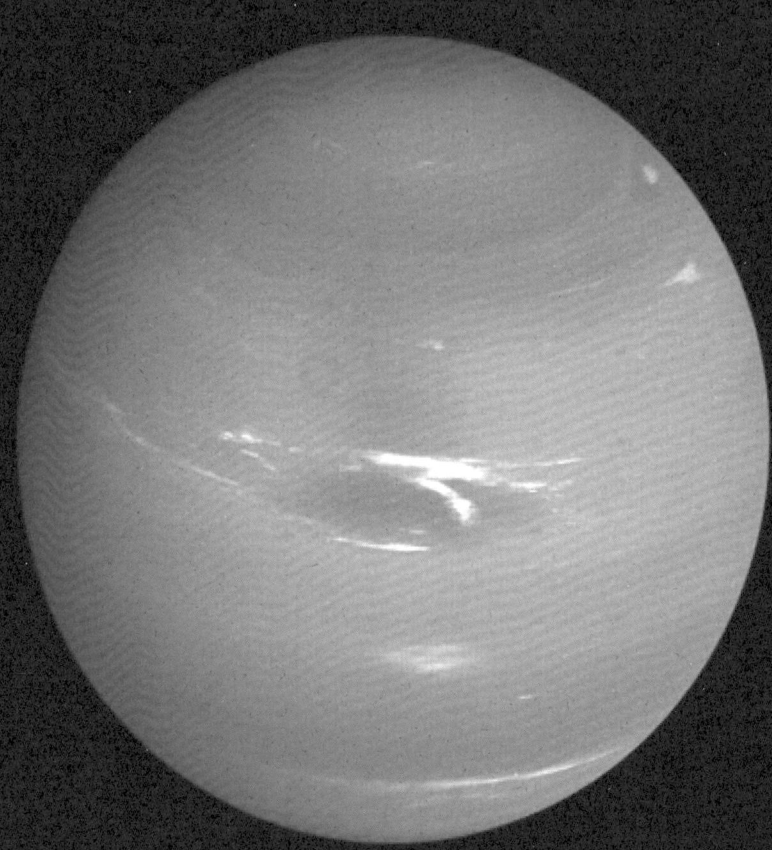

海王星

22 神秘的极光是怎么产生的

关于极光这个名词，相信大家都不陌生。但要想真正看到它，那也不是一件很容易的事情。

即便是去了极地，也未必能见到极光。因为它的出现，是可遇而不可求的。要想见到它，还得看自己有没有那个运气。

极光是一种辉煌瑰丽的彩色光象。极光的亮度一般像满月，常带有绿、红等色彩。它每次出现都如梦如幻，变化无穷，有时如一条条绵长的绮丽彩带在空中飘舞；有时似一团团熊熊烈焰在天空燃烧；有时仿佛是从天穹落下的幔帐隔开了黑夜；有时恍若是彩色的烟雨弥漫在星空。

其实地球的南极和北极，都会有极光出现。但由于南极过于寒冷，人们难以到达。所以极光的观测点，都集中在北极地区。

世界上最佳的极光观测地点，有芬兰、冰岛、挪威、瑞典和美国等。尤其是美国的阿拉斯加州，由于那儿既干燥，又少风少云，而且是北极光的中心点，所以一年当中，可能有 240 多天都能观赏到极光，是名副其实的“北极光之都”。

极光的出现，有时还伴有一种沙沙或噼噼啪啪的响声。这种声音特别神秘，就像是极光在你耳边悄悄地说话。

极光有着无穷的魅力，每年都会吸引无数的人去观赏它。凡是见过它的人，一辈子都难以忘怀。

如此神奇的极光是怎么产生的呢？ 这与太阳活动有着密切的关系。它是太阳风暴所抛射的带电粒子，在到达地球的近空时，被地球磁场导引带进大气层，并与高层大气中的原子碰撞造成的发光现象。

地球磁场也是一张盾牌，能在几万千米之外，保护地球不受侵害。而且太阳风暴越是厉害，地球磁场的反应就越强烈，由此引发的极光现象也愈宏伟壮观。

当然，极光不是地球独有的，在太阳系中，木星和土星上都有极光。而且木星上的极光，可能比地球上的还要壮丽。

听到这儿，三个孩子对极光有了深刻的了解。原来它是太阳风暴在遭遇地球磁场时，所激发出的一种特殊现象。

极光

人物冒泡

云飞扬突发奇想：如果利用极光来发电，会是什么效果呢？

他脑海中浮现这样一番景象——科学家利用极光发电，结果所有的灯光，都变成了五颜六色，大家就像是生活在一个彩色世界里。每个人的皮肤也变成了五颜六色，以前的熟人都变得陌生了。大家见面，都得重新介绍一遍自己。

“你好！ 我叫云飞扬，很高兴认识你！”

“你好！ 我叫夏语，很高兴认识你！”

“你好！ 我叫章树叶，很高兴认识你！”

美妙的流星雨来自何方

世界上最美的雨是什么雨呢？那当然是流星雨。每当一颗颗流星如仙子般从天空滑落，那美妙的画面，总能让人情不自禁地许下美好的愿望。

如此神奇的流星雨，又是来自何方呢？

在我们太阳系中，飘散着很多尘埃和小碎粒，其大小一般在厘米级以下，被称为流星体。

这些流星体，大多是由小行星、彗星等经碰撞、碎裂或喷发形成。成群的绕太阳运动的流星体，便形成了流星群。

当流星群接近地球时，会受到地球引力的吸引，以高速飞入大气层。它们在与大气层的摩擦中，产生了明亮的光辉。由于数量众多，很像是明亮的流星雨。

流星雨一般不会给地球造成灾难。大多数流星雨，会在大气层中燃烧殆尽。一些个头儿比较大的流星体，进入地球大气层后没被完全烧毁，降落到地球表面，这就是陨石。

但流星雨和流星并不是一回事。流星是单个出现的，属于偶

发现象。流星雨则是群体出现的，且具有一定的规律。

另外，流星雨还有一种特殊的形成方式，那就是来自彗星。

彗星的尾部，夹杂着许多的细微颗粒。当地球与彗星靠近时，在地球引力的作用下，彗尾当中的那些细微颗粒，就会形成流星雨进入地球的上空。

如果遇到彗尾中的颗粒过多时，甚至还会出现流星暴，那种场面蔚为壮观！

关于流星雨的命名，通常是以滑落点附近的星座来命名的，比如狮子座流星雨，会在每年的 11 月中旬出现。它的形成，就来自于坦普尔·塔特尔彗星。

狮子座流星雨，是最壮观的流星雨之一，被称为流星雨之王。它曾在 1833 年 11 月 12 日，出现了一次流星暴。那次长达 9 小时的时间内，大约有 21 万颗流星划过天空。当时有不少人看到这一景象，都误以为是世界末日到来了！

有些彗星的运行轨道，一年之内会与地球多次交叉，所以同一颗彗星，在一年之内会带来多次不同的流星雨。宝瓶座流星雨就是这样的，它会在每年的 5 月 5 日左右、7 月 28 日左右、8 月 8 日左右出现。

还有一些流星雨非常奇特，会连续出现几天，甚至一个月。

但绝大多数的流星雨，流量都非常小。只有一些很特殊的时候，才能看到特别大的流星雨。

三个孩子从未见过流星雨，现在了解到这些知识，他们都想去看一看。

云飞扬脑海中浮现这样一番景象——在怪博士的带领下，他们和很多的小朋友一块去看流星雨。他们赶上了一次流量特别大的流星雨，漫天都是流星飞射。

每个小朋友都带了一个玻璃瓶。每人都希望自己的玻璃瓶里能飞入一颗流星。大家捧着玻璃瓶，齐刷刷地站成一排，一同向天空许愿。

流星雨

24

宇宙中真有外星人吗

宇宙中真的有外星人吗？

这个问题曾让无数人难以入眠，大家都想知道答案。

科学家研究发现，在我们已知的宇宙空间中，像地球这样适合生命生存的星球，至少有1000多颗，这还不包括在那些未知的宇宙深空中可能存在的星球数量。如果从概率上讲，外星人存在的可能性，几乎达到了百分之百。

但遗憾的是，到目前为止，科学家还没有发现一个外星人。

美国研制的旅行者1号太空探测器，自1977年9月5日发射升空以来，已在太空飞行了40多年，还没有监测到任何一个外星人。

旅行者1号是人类所研制的最伟大的航天探测器之一，已为人类做出了巨大的贡献。它不仅飞行速度极快，约17千米/秒，而且飞行得最为遥远，已经飞离地球大约200亿千米了。

它现已飞离太阳系中的柯伊伯带，正在冲出奥尔特云。但它离下一个星球，至少还有4万亿千米，还需要大约2万年的时间。

如果想要通过它去了解外星人的信息，可能在近期内是实现不了的。

不过，虽然现在还没找到外星人，但不等于没有外星人存在。

也许，我们对外星人的认识也存在误区。外星人的形态，未必像我们地球人一样，是个有血有肉的人，只能生存于一个相对暖和的环境中。或许他们是另外一种很奇特的"人"，比如是一种有智能行为的"石块人"，他们可能很耐热，能够适应他们星球上的高温；或者是可以生活在冰层下的"冰层人"，他们可能很耐寒，而且还离不开他们星球上的冰层保护；也可能是能隐形的"气态人"，他们可能是不断变化的，有时是气体，有时是人形。

如果外星人都是那样的人，就目前人类的科技水平，还真难捕捉到他们的信息。

除此之外，人类与外星人之间，也可能存在一种难以逾越的物种之间的天然隔阂。就像人类与其他动物、动物与植物之间的那种天然隔离。如果真的存在这样的天然隔阂，即便我们不断地给他们发送信号，他们也无法接收到。

就算他们接收到了，也无法识别那些信号，更谈不上回复了。

我们人类至今没有接收到有关外星人的信息，可能就是这些原因造成的。

所以，人类想与外星人取得联系，可能还要破解这种物种之间的隔离障碍。

另外，外星人也未必像我们人类想象的那样，具有强烈的攻击性。或许他们更热爱和平，愿意与所有星球上的“人”和平相处。只有遭到侵略，才会舍命抗击。

怪博士讲到这里，扬起头来问道：“如果有一天，突然有个外星人跳到你们面前，你们会有怎样的表现呢？”

夏语笑道：“如果是那样，我肯定会吓得四处奔跑！”

章树叶也说道：“我也会吓得逃跑的！”

但云飞扬不觉得害怕：“我才不会吓得逃跑呢。我还要与他们交朋友，让他们带我去外星球上玩，去实现我的星际旅行梦想！”

云飞扬脑海中浮现这样一番景象——他被外星人邀请去他们的星球上玩，他看到很多新鲜事。有的星球上的水像布匹一样可以折叠起来，还可以拉长，并且可以做衣服。有的星球上的云可以建造大房子，还可以搭建很高的梯子，而且还可以吃。

最最奇特的是，还有个星球上的人，平时你根本看不见他。如果他要见你，就会突然变成一个巨大的怪物出现在你面前，总能把你吓得心惊肉跳。

故事后的故事

怪博士关上电脑，说道:“关于宇宙的知识，今天讲到这儿就结束了。但要说明一点，这里面的很多内容，目前还只是科学认识，并不是最终的科研结果，仍需要科学家进一步研究与探索。如果你们还想知道地球的相关知识，下个周六我依然在这儿给你们讲，到时我把地球是怎么诞生的，地球经历了哪些演化过程，为什么地球会变成今天这样，地球上的生物是如何而来，它们又遭受了哪些劫难，以及地球上的国家和人口，还有地球上很多神奇美妙的事情都讲给你们听，好不好呀？”

三个孩子听后，激动得跳了起来。

他们就这样约定好了。随后怪博士拿起电话，通知云飞扬的爸爸来接三个孩子回家。

恒星，直径大约 139.2 万千米，体积是地球的 130 万倍，表面有效温度 6000℃，越向内部温度越高。

太阳

类地行星，距离太阳大约 5791 千米，直径大约 4878 千米，公转一周需要 88 天，自转一周需要 59 天。平均表面温度，向太阳一面约 440℃，背太阳一面最低可达 -160℃以下。没有卫星，有稀薄的大气存在。

水星

类地行星，距离太阳 1.08 亿千米，直径大约 12103 千米。有稠密的大气，但大气压强过大，是地球的 90 倍。公转一周需要 225 天，自转一周需要 243 天，表面温度约 480℃。逆向公转，没有卫星。

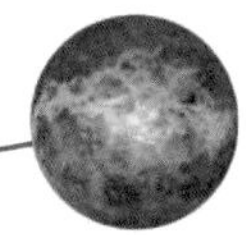

金星

类地行星，与太阳平均距离约 1.5 亿千米，直径大约 12760 千米，公转一周需要 365.25 天，自转一周需要 23 小时 56 分。平均温度大约 15℃，有厚度在 1000 千米以上的大气层，有 1 颗天然卫星——月球。

地球

类地行星，距离太阳 2.28 亿千米，赤道直径大约为 6760 千米，有稀薄大气。公转一周需要 687 天，自转一周需要 24 小时 37 分，有两颗卫星。

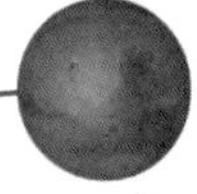

火星

木星

类木行星，距离太阳7.78亿千米，直径约143000千米，公转一周需要11.86年，自转一周需要9小时50分。表面最高温度约-105℃，最低温度约-168℃。有92颗卫星，其中木卫一和木卫二可能存在液态水，还有稀薄大气。

土星

类木行星，距离太阳14.27亿千米，直径约120540千米，公转一周需要29.46年，自转一周只需要10小时14分。表层温度最高约-150℃，最低约-191℃。已确认有83颗卫星，其中土卫二和土卫六可能有液态水。并有壮观的土星环。

天王星

类木行星，距离太阳28.7亿千米，直径大约51118千米，公转一周需要84年，自转一周需要17.9小时。表面平均温度大约为-180℃。有27颗已知卫星。

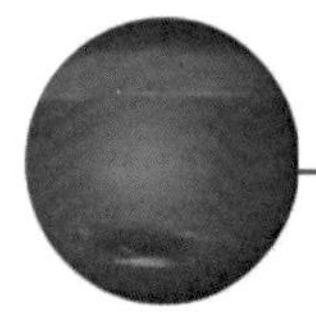

海王星

类木行星，距离太阳大约45亿千米，直径大约49500千米，公转一周需要164.79年，自转一周需要16.11小时。表面温度大约为-218℃。有14颗已知卫星，其中海卫一可能有液态水。

普朗克时间

大约为5.39×10^{-44}秒，是世界上最小的时间分割单位。

1光年

大约等于9.46万亿千米，光速约等于30万千米/秒。

现在的宇宙

观测范围内的直径大约是930亿光年，大约有2万亿个星系，2000万亿亿颗恒星。

银河系

直径10万~20万光年，有1500亿~4000亿颗恒星。

太阳系

直径大约为4光年，有太阳、8颗行星、218颗已知卫星、5颗矮行星，以及无数的小行星和彗星。

138亿年前

奇点大爆炸，宇宙诞生。宇宙中基本粒子和天然元素随后产生。大约38万年后，宇宙开始变得清透。

135亿年前

宇宙中产生了第一颗恒星。随后又出现了一大批恒星，宇宙从此焕发出迷人的光彩。

128亿年前

宇宙中第一个星系形成，随后又有大量的星系涌现。银河系大约于125亿年前形成。

50亿年前

太阳诞生，随后太阳系形成。

46亿年前

地球诞生，大约3000万年后月球诞生。